适建筑

许世文　张敏军　著

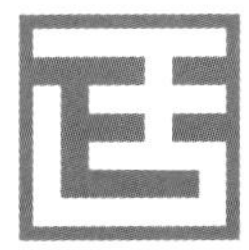

中国建筑工业出版社

序一

世文深耕浙江建筑事业多年，创作了不少优秀的建筑作品。在大量实践的基础上，他梳理总结了“适建筑”思想。“适”，源于中国传统文化，可以理解为恰如其分。与其相对的“过犹不及”，说的是事情做过了头，与做得不够，都不好。我认为“适”这个字很好地诠释了中国人自古以来“天人合一”的哲学观与建筑观，它涵盖了建筑创作的环境适应性、使用舒适性、建筑地域性、技术适宜性。这些，是求变创新的基础。

从本书中的实践项目看，“适建筑”理念在每个设计项目作品中都有所体现，但有一个深化提升的过程，从作品的合情合理、适度创新到注入意境和神韵、彰显独特个性，“适建筑”思想在实践中不断成长。黄龙体育中心、运河亚运公园、杭州运河大剧院、临平体育中心、安吉两山讲习所等作品，均注入了“适建筑”的创作思想，在场地的处理上和而不同，在空间的塑造上合情合理，在材料、做法上因材适作，体现合理又兼具意韵之美。正是这种从中国文化中引发出来的“适建筑”观，结合他的深度思考、创作实践，从而使这些作品具有明显的典型性和引导性。

本书的叙述深入浅出，语言朴实，既有理论，又有实践案例，推介广大青年建筑师和建筑相关从业者一读。

程泰宁

2024年4月8日于杭州

序二

我与许世文总建筑师相识于2009年年底，其时我们同作为中国建筑学会代表团的成员赴台湾省参加两岸建筑师学术交流活动，曾一起相处十余天；后来十几年，又有很多交往与合作机会，自然已成为老友。世文兄人如其名，温文尔雅，幽默风趣，为大家的旅程或者聚会平添许多乐趣；而他的建筑作品又如其人，理性而得体，自信而宜人。所以，当我看到这部以"适建筑"为题的书稿时，最直观的感受就是，以"适"字形容许兄其人、以"适"字形容许总建筑创作，恐怕再恰当不过了。

我很同意许总的说法，"适"，一为形容词"适当、合适"之意，一为动词"适应、适合"之意。前者意为建筑师的创作目标应是恰当、合理的建筑，这是一种强调理性的建筑观，强调合乎情理、恰到好处，此乃建筑之使命也；后者意为建筑必须适应环境、功能、技术、经济、社会乃至时代等种种需求，强调宜人当仁、适材而作，此乃颠扑不破的真理，也可以说是真正高超的境界。

许世文的"适建筑"思想，主要源自东方文化与营造传统中顺应自然的环境观、因地制宜的格局观、礼序和谐的空间观、见素抱朴的材料观，因此，他在自己的建筑创作思考和实践中特别强调环境优先——适应物理环境为基础，强调文化自信——人文关怀下适度创新，强调技术理性——选择适宜技术和材料，明确反对当代国内外建筑界屡见不鲜的失度设计——因为这些失度设计现象"浪费土地空间、自然资源，并逐渐形成相应的社会和环境问题"——"凡事应有度，度是界限，过度就是越过了界限"。

许世文提出的"适建筑"观是一种由外而内，由被动转主动的思维方式，强调满足建筑功能使用需求的重要性，合理控制建设过程中的成本，避免浪费，确保建筑项目在经济可行的范围内完成；在美学的形式上注重简约、自然、恰到好处；在设计的管理过程中主动与业主沟通，积极主动去引导业主的审美需求，使建筑更好地融入周围环境，避免过度张扬和复杂。

许世文和他的"适建筑"思想主动适应各种设计因素，"适"中求变化，主张建筑设计要在做到合情合理的基础上“适”度创新，在“理”“宜”“度”三个维度形成了系统性的设计思维和方法，并在长期的建筑实践中不断探索和验证。诸如杭州黄龙体育中心、上虞百官广场、杭州师范大学仓前校区二期C区、杭州瓶窑中学扩建、安吉两山讲习所、运河亚运公园等作品，都可称作是“适建筑”跨时期、跨类别的重要案例。

虽然总体上我非常认同许总在著作中论述的各种思想观点，但有一处我并不十分同意，并在此与世文兄商榷。书的前言中将“适”字解析为由“辶”（之，代表浙江）和“舌”（代表说话）组成，表示来自浙江的声音；其繁体字“適”，由“辶”（之，代表浙江）和“啇”（dí，树根之意），即“树根落在之江大地上”。“适建筑”理念在于深入浙江的文化根基，承袭并发展地域文化的特色与精髓——对此，我并不以为然。我倒以为，虽然世文兄长期工作于浙江、扎根于之江大地，建筑和建筑师的创作自是要思考并表达其地域性特征甚至根植于某个特定的地方，而“适建筑”或许应超越建筑师的工作空间，放眼于更大的视野，适应更加广阔的世界，这也是我和建筑师同仁们对于许世文建筑师的更高期待。

感谢世文兄邀我为其大作写序，怎奈文笔拙劣，无法呈现心中所感所思之万一，更难呈现许总思想作品之丰饶。在此衷心祝愿许世文建筑师在“适建筑”之路上持续探索，做出更多的“适建筑”，并进一步突破创新，有更多的“适+建筑”问世。

李兴钢

2024年5月26日

于北京中国建筑设计研究院胜景几何设计研究中心

序三

世文送来《适建筑》书稿请我写序，仔细读后，觉得他花了不少心思。他是一位具有全局观的建筑师，其才华和成绩令我欣慰，在交流中，可以感觉到他于理性中追求创新的思想，并总能处理好传统和创新的关系，这些可以从他主持设计的项目中看出一斑。

《适建筑》的"适"字，我觉得颇有意思。"适建筑"通俗地说，是"技术适宜，造价适度；看起来得体，用起来舒适"的建筑，其有两层意思：从建设目标层面讲，看起来得体，用起来舒适；从建设手段层面讲，技术适宜，造价适度，用词比较对仗，通俗易懂又易记。书中强调建筑的美不仅来自形式，更重要的是与周围环境、地域文化相融合，融入人们的生活和情感，这点我非常赞同。

书中阐述"适"是万物的自然法则，是事物发展变化的内在要求，是符合"道"运动规律的一种状态。"适"可以理解为主体精神与客观世界的一种和谐交融状态，通过精神的"自由驰骋"摆脱形体和观念的束缚，从而与自然生态和社会生态相契合。这可以看出作者对中国传统文化的深入理解和思考，值得大家品读。

本书文字深入浅出、流畅自然、恰如其分，对建筑设计有着深入的思考和感悟，期待本书能够遵循理性之根本，拓展创意之疆域。

2024年4月12日于杭州

前言

参加工作至今已有三十多个年头，一直从事实践项目的设计创作工作。随着项目的积累，开始对设计背后的创作思想和理念进行更深入的思考，结合浙江省建筑设计研究院[1]70年的实践经验和个人30余年的实践创作体会，提出了“适度设计”的理念。在2015年5月的中国勘察设计协会技术交流会上和2022年11月的华中科技大学建筑学院《建筑学前沿研究与实践》课程教学中，我都围绕这一主题进行了分享。经过进一步交流和思考，我开始提出“适建筑”的概念，相较于“适度设计”，“适建筑”的内涵更为丰富，它强调了主动适应和适中求变的设计理念，似乎不仅适用于建筑设计，也可以尝试应用于其他相关的设计领域。

[1] 即浙江省建筑设计研究院有限公司。

“适建筑”的理念从说文解字角度看，“适”由“辶”（之，之江，代表浙江）和“舌”（代表说话）组成，表示来自浙江的声音；“适”的繁体字“適”，由“辶”和“啇”（dí，树根之意）组成，即“树根扎在之江大地”，借喻“适建筑”理念在于深入浙江的文化根基，承袭并发展地域文化的特色与精髓，在此基础上达到更开阔的境界。

“适”这一概念在中国传统哲学中蕴含着丰富内涵，通常被理解为“适中”“适合”“适宜”“适当”“适度”等意义，代表着恰当、和顺与美好的状态。从孔子的“无适也，无莫也，义之与比”到庄子的“忘适之适”“自适其适”，再到《吕氏春秋》的“声出于和，和出于适”，历代哲学家都对“适”进行了深入的探讨。唐代王绩提出“吾欲自适其适”，白居易则倡导“三适今为一”，宋代苏轼以“以适意为悦”为审美追求，而宋明理学则强调“主一无适”。这些思想都体现了“适”作为中国传统哲学和美学的重要内涵。

“适”被视为万物的自然法则，是事物发展变化的内在要求，它符合“道”的运动规律。在主体精神与客观世界的交融中，“适”展现出一种和谐的状态，超越了形体和观念的束缚，与自然生态和社会生态相互契合。在自然生态视角下，“适”表现为有机统一和协调，涵盖了自然界中生物的自适性，即万物在相互依存中达到平衡。在社会生态层面，“适”则展现出秩序美与中和美。而在精神生态层面，“适”则是一种“自适其适”“自得其得”的审美心态，追求“适性为美”的境界。

从“适”的主体性与客体性来看，建筑应展现出适应性和适度性。作为动词的“适”强调建筑设计的适应性，即顺应天地万物的规律，同时使自然和万物满足人的需求。这种适应性体现在建筑顺应场地、文化、经济、材料、技艺等多种因素的要求上，追求建筑本身的舒适及对设计理念的创新。而作为形容词的“适”则强调适度性，即在设计过程中要把握好作用程度和介入力量的均衡，避免过度和不及，这种适度性不仅体现在建筑设计方案要恰到好处，还体现在对生态环境的尊重和保护上，力求实现人与自然的和谐统一。

《适建筑》阐述了这些年我对设计的思考和体会，所倡导的“适”之理念，阐述了古典与现代、东方与西方、实用与审美之间对立统一的关系。书中还分享了我多年的实践经验和心得，涵盖构思到实施的全过程。设计之道，博大精深，本书所表达的仅是一己之见，如管中窥豹、冰山一角，期望得到业界专家和广大读者的批评和指正！

2024年4月

于浙江省建筑设计研究院有限公司

目录

第一篇 绪

第二篇 思

第三篇　行

第四篇　悟

第一篇

绪

第一节 “适建筑”提出的背景

一、建筑设计思潮现状

建筑设计思潮是一个常谈常新的问题，从古典建筑到现代主义建筑，不论是建筑形式、建筑结构、建筑材料、建筑设备、建筑文化还是建筑哲学等诸多领域，跨学科发展和研究对建筑设计理论都作出了极大的丰富和扩展。1996年6月12日，钱学森先生提到“我们想到可能要确立一门新的科学技术——建筑科学”[1]，其提出将建筑科学作为现代科学技术体系中的第十一个大部门，这对我国建筑科学的发展而言，具有里程碑的意义。到了最近的二十年，建筑技术的长足发展为我们创作过去不敢想或者超高难度的建筑方案提供了理论和技术基础。另外，多元的文化信息也在不断影响着我们对建筑的取舍和审美需求，从而使建筑设计理论不断发展和演变，以适应不断变化的社会、技术、文化和审美观念。

[1] 1996年6月12日钱学森在写给钱学敏的信中提出。

建筑设计理论发展到今天，“门派”诸多，比如现代主义、后现代主义、地域主义、解构主义等，归纳起来有以下几个方向：

一是可持续发展：可持续性已经成为当今建筑理论研究的热点，建筑师越来越关注能源效率、建筑材料选择、建筑材料再循环和建筑寿命周期等问题。新型建筑材料的不断涌现，如自修复材料、智能材料和可持续材料，为建筑师提供了更多的创新选择。

二是文化延续性：考虑到不同文化和地域的需求，建筑设计越来越多地涉及地域文化的表达和精神象征，比如尊重原有地域文化，新建建筑与原有建筑之间保持对话关系也是现在建筑理论研究的热点。

三是多学科融合：建筑设计理论的研究范围也逐渐从单一建筑专业理论向规划、景观、地理信息、自然资源等多学科、多领域方向融合发展。

四是空间开放共享：建筑设计理论的研究伴随着对建筑空间的永恒探讨，创建具有社会意义的公共空间，以促进社会互动和包容，也是当今建筑界讨论的热门话题。

当今的建筑理论百花齐放，各种设计观念和设计方法层出不穷，本书讲述的“适建筑”观是一种在局部和整体、个体和系统协调基础上的建筑设计价值观和方法论。期望本书所述的设计观点和设计方法有助于年轻建筑师在创作建筑方案的时候更全面地考虑各种设计因素，从而设计出“技术适宜，造价适度，看起来得体，用起来舒适”且有创新、有特色的建筑设计方案。

二、建筑反映科学技术的进步

自然科学的飞速发展对建筑领域产生了深远的影响，推动了建筑科技和理念创新。建筑理念的创新和科学技术的创新相辅相成，数学的进步为建筑结构及空间的发展带来了更多可能，早在1638年伽利略就开始了对建筑结构分析的尝试，他在《关于两门新科学的对话》中科学性地研究了材料强度和物质结构问题。伯努利和欧拉等数学家利用微积分研究了物体的变形，为结构分析打下了坚实的基础。随着对材料和力学的深入研究，建筑师和工程师能够设计更合适的结构来满足不断演化的建筑需求。而到了今天，自然科学对于新型材料、新型结构的加持，数字技术中对地理信息、环境数据的分析，使得建筑理念的发展更具备科学性和实用性。从黄龙体育场的斜拉索与空间网壳[1]相结合的结构形式到杭州国家版本馆的七大工艺[2]创新再到杭州京杭大运河博物院的大型蓝色琉璃外墙立面[3]，科技和材料的发展在建设实施中发挥着重要作用。因此，当今科技进步更加需要建筑设计与时俱进，设计出“适合”时代技术的建筑。

❶ 详见3.1.1节。
❷ 详见3.2.7节。
❸ 详见4.1.3节。

三、建筑体现人文精神的需求

建筑人文精神是指在建筑设计、建造和使用过程中注重人的需求、文化价值和社会环境的一种理念。人文建筑强调建筑不仅仅是物质的堆砌，它更加强调建筑的功能性、环保性、美观性，以及对居住者和使用者精神和情感的满足；人文建筑注重人的需求、体验和福祉，设计师应考虑如何创造一个舒适、健康且有益于使用者的空间，要考虑建筑对社会的影响、以使用者的需求为本和改善城市空间等因素；人文精神鼓励社会互动和沟通，创造适当的共享空间以促进人们之间的交流，构建社区感和集体认同感。建筑人文精神的表达可以在设计中融入地域文化元素，尊重原有建筑风格，以保持文化的延续性；也可以从考虑不同个体和群体的需求出发，致力于创造灵活可变、富有个性化的空间，以适应多样化的文化和生活方式。建筑的人文精神强调了建筑与人类生活之间密切的联系，它推动人文精神在建筑设计领域的应用，以创造符合人文精神的、舒适的建筑空间和环境。

本书所述的“适建筑”观是对建筑人文精神的体现，它融汇历史传承与可持续性的关怀，以人为核心，创造出富有创新性和社会责任感的建筑空间。这种精神不仅体现在建筑的形式和功能上，更是一种对社会需求的回应，倡导文化交融和人本主义价值，为每个人提供舒适和有意义的空间。

第二节 “适建筑”提出的目的和意义

一、反思失度设计现象

当今社会建筑风格各形各色，阳春白雪有，下里巴人亦有，奇形怪状的建筑不胜枚举，应该说都有其内在的原因。有些建筑方案是建筑师为了追求新技术和自身想法的“试验田”，有些则是为了迎合甲方的独特审美，还有些是为了看起来拥有更高的附加值或者为了增加利润空间。我国自改革开放以来，第二产业、第三产业迅猛发展，综合国力提升一日千里，物质基础有了翻天覆地的变化，与此同时，人们对物质生活也提出了更高的要求，基本的衣食住行满足后，在此基础上出现了过度消费、过度包装的问题。在建筑设计行业也经常会出现失度设计的现象，有的为了彰显个性，有的为了打造奢华，还有的为了展示经济实力。这是一把双刃剑，一方面提升了人们对设计价值的追求，促进了建筑产业的发展，但另一方面也可能浪费土地空间、自然资源，并逐渐形成相应的社会和环境问题，所以凡事应有度，度是界限，过度就是越过了界限。

本书提出的“适建筑”设计观，是在“适度”设计基础上的提炼和进一步的升华。“适建筑”强调满足建筑功能使用需求的重要性，合理控制建设过程中的成本，避免浪费，确保建筑项目在经济可行的范围内完成；在美学的形式上注重简约、自然、恰到好处；在设计的管理过程中，主动与业主沟通，积极主动去引导业主的审美需求，通过简约的设计语言和形式，使建筑可以更好地融入周围环境，避免过度张扬和复杂，减少各类不合理的设计现象。总之，“适建筑”主动去适应各种设计因素，“适”中求变化，主张建筑设计要在做到合情合理的基础上“适”度创新。

二、总结工程实践经验

建筑设计需要理论结合实践，长期以来忙于具体工程设计工作，没有系统地梳理自己的设计思想，而没有思想的作品总会让人觉得缺少那么一股精气神。本书提出的“适建筑”观是作者对多年来工程设计实践的反思和总结。

对于建筑设计来说，“适建筑”就是需要全面考虑建筑顺应场地、文化、经济、材料、技艺等多种因素的要求，进而还要做到“自适其适”，即在顺应外部环境的过程中，同时追求建筑本身的舒适及对设计创新理念的追求。要让建筑融于社会环境的同时融于自然环境，更融于其自身创造的人工环境、技术环境，从而提升环境品质和建筑本体的品质，为社会生活提供高品质的活动空间。这是“适”的内在机理，强调有机统一、协调合度，尊重场地与场所精神，让建筑从场地中生发出来并与环境融合为有机整体，且不缺其本身特色。

三、丰富建筑设计思想

建筑设计思想浩瀚而广袤，涵盖了从设计原则到文化、哲学、美学和技术等众多方面。建筑设计思想发展到今天已形成了多种流派，各个建筑流派都或多或少从不同方面提出建筑设计的观点和看法。本书提出的“适建筑”设计思想是一种从中国传统文化思想出发的建筑设计观，它源于中国传统文化中的哲学思想，但又吸取了西方优秀的设计思想，旨在实现建筑的共生性、适应性、可持续性和人文性，通常涉及对空间的合理利用、对功能的恰当满足、对环境的全面适应，以及对美学和文化的恰当表达，进而总结出可推广的、系统的建筑设计方法。

“适建筑”的主要设计思想体现在以下几个方面：“适建筑”观将中国古代先贤的文化思想吸纳其中，着力探究建筑本源以及建筑在空间环境中应该扮演怎样的角色这一问题；“适建筑”观主张将建筑的功能性需求与美学设计相适应，使其在满足实用需求的同时具有艺术性和审美性；“适建筑”观强调使用环保、可再生的材料，关注能源效率和生态系统的健康，以实现长期的可持续发展；“适建筑”观强调将建筑融入当地文化和社会背景，反映当地的传统和价值观，创作出对地域有积极影响的设计作品；“适建筑”观注重建筑对人的关注，包括安全性、实用性和舒适性等，使建筑更贴近人的需求；“适建筑”观强调社会性，创造出可促进人际交流的公共空间，同时关心建筑与人的情感共鸣，通过设计元素和空间布局传递情感和体验；“适建筑”观考虑建筑的使用生命周期，要求设计具有一定弹性和灵活性的建筑，以适应不同的功能需求和使用场景。

第三节　研究方法和技术路线

一、研究方法

1．文献研究法

通过阅读大量相关资料，收集主流建筑理论的观点，了解建筑理论发展过程和趋势，整理出“适建筑”观从萌芽到发展再到提升中的一条历史脉络和研究经验，归纳、总结出演变规律和思考过程。

2．案例分析法

本书的研究建立在作者众多实践案例的收集和整理的基础上，案例的分析从建筑的各项指标等基本信息的概述，到在“适建筑”设计观指导下对建筑的“理”“宜”“度”进行对照解析。通过多项目的比较分析，得出“适建筑”的共性，从而实现从案例到理论的升华。

3．归纳总结法

建立“适建筑”设计观，将相关建筑思想和实践构建在一个框架之内，通过从具体案例到一般性原理的归纳和一般性原理到特殊方法的演绎反复论证“适建筑”设计思想框架的合理性，再结合从个别、特殊的知识概括归纳出一般性原理的方法，以“理”“宜”“度”为标尺，对实践项目进行横向剖析，演绎法和归纳法相互作用，建构起以“适”为目标的建筑设计观。

4．学科交叉法

“适建筑”的相关研究有基础性研究的特征，多学科的介入是必不可少的，地理、历史、材料、结构、景观、环境心理学、城市规划、文学、系统论、哲学都是本书研究涉及的范围。

二、技术路线

本书从“绪、思、行、悟”来讲述“适建筑”的形成过程、理论思考、项目实践和思想感悟：**“绪”**阐述了“适建筑”提出的背景和意义，面对过度开发、失度设计等问题，提出建设项目要适度设计，并在此基础上实现突破创新。**“思”**探讨了“适建筑”观念源于东方文化思想，强调局部服从整体、个体服从系统，从环境优先、文脉延续、技术适宜三方面叙述了“适建筑”三大核心价值观，可分为两个层次：适应环境和功能的基础上，适度传承地域文化，实现合情合理、适度创新的“适建筑”；在“适建筑”基础上，创作出具有独具意境和神韵的“适+建筑”，并从“理”“宜”“度”三个维度总结了建筑设计创作思想。**“行”**梳理了“适建筑”指导下的建筑设计、规划设计和城市设计项目实践，与“适建筑”理论相结合，关注环境和文化传承的同时进行技术适宜创新。**“悟”**回顾了“适建筑”观形成之源，受到清华大学、华中科技大学的老师和同行学者们的思想影响，结合在浙江省建筑设计研究院多年的实践工作，不断思考、交流和总结，逐渐去感悟“适建筑”之道。

本书研究技术路线如图1-1所示。

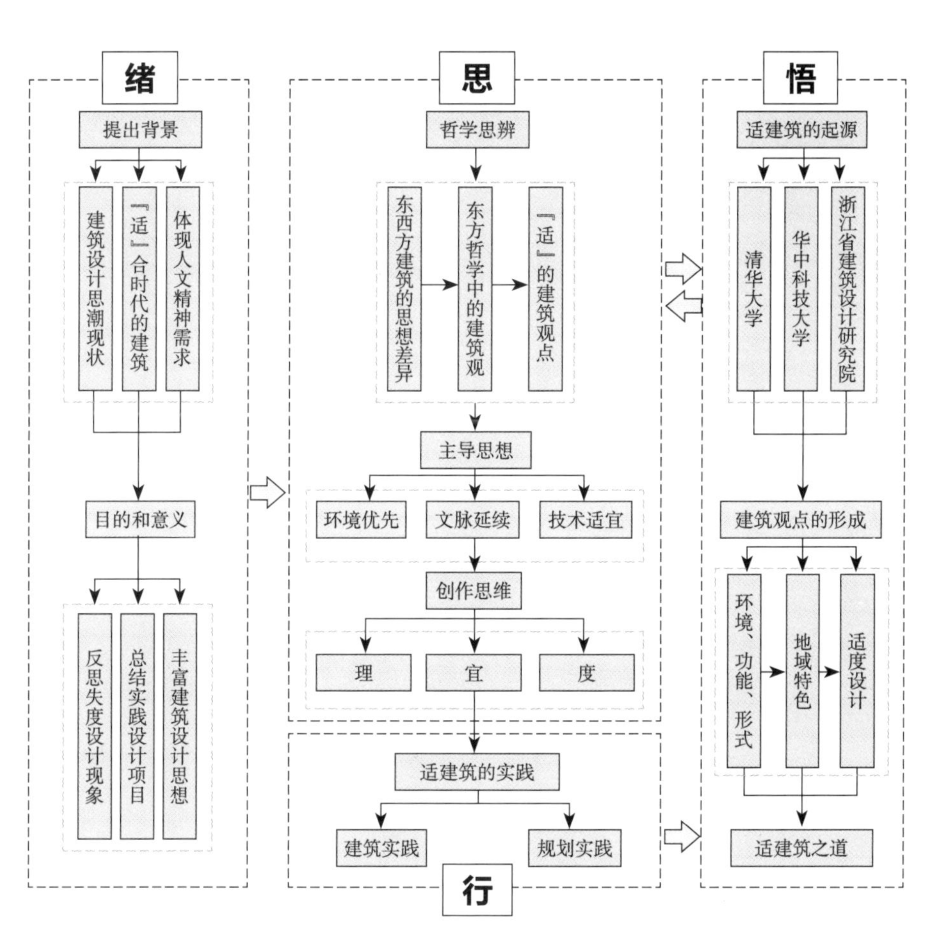

图1-1 技术路线图

第四节　小结

世上万物的存在状态都有两个极端，或为阴阳，或为高低，或为大小，或为优劣，对于一个具体事物而言，通常处在两个极端之间的某个点上，使得各方都能接受，维系着事物自身的良性运行。本篇从建筑设计理论的发展现状出发，通过对当今建筑设计的"失度"现象进行反思，从而引出"适度"设计的概念。"适"的思想源自中国古代文化思想，"适建筑"观涵盖了从设计原则到文化、哲学、美学和技术等多个方面，旨在实现建筑的共生性、适应性、可持续性和人文性，涉及对空间的合理利用、对功能的恰当满足、对环境的全面适应，以及对美学和文化的恰当表达。"适建筑"主动去适应各种设计因素，"适"中求变化，主张建筑设计要做到在合情合理的基础上恰到好处地创新。

第二篇

思

第一节 “适建筑”的哲学思辨

一、东西方建筑文化差异

建筑作为文化载体，可以反映社会、历史和人文特色。东西方传统建筑设计思想在平面布局、空间利用和材料选择上有显著差异，这些差异反映了两种文化对建筑艺术的不同理解和追求。西方建筑往往更强调个性化和创新，以及追求独特的建筑形式和功能布局，体现了其对个性化的重视。因为在西方建筑中也不乏类似弗兰克・劳埃德・赖特[1]的有机建筑和利奥波德[2]为代表的大地伦理学与环境寻求和谐关系的理念，但总体上说，东方建筑更注重天人合一的思想，注重人与自然环境融合，强调外部空间的开放与流动。下面简单讲述一下东西方传统建筑思想的特点，通过对比分析，更全面地理解两种文化对建筑观念的诠释。

[1] 美国建筑师（1867年6月8日—1959年4月9日），世界现代建筑四位大师之一，“田园学派”（Prairie School）的代表人物，美国建筑师学会称为“最伟大的美国建筑师”，代表作有罗比住宅、流水别墅等。

[2] 美国哲学家，美国新环境理论的创始者，大地伦理学的创立者，代表作有《沙乡年鉴》。

1. 平面布局

西方古典建筑追求秩序与功能，布局以中心为核心，周围空间序列井然，强调几何比例和协调，使各部分和谐统一，但追求秩序常使自然成为附属，凸显对称和秩序，自然元素边缘化（图2-1）。

东方传统建筑注重与自然和谐共生，布局错落有致，展示空间丰富性和层次感，对称与均衡地体现“礼”的回应，强调融入自然。受风水学说的影响，地理位置和方向选择变得更重要，反映对自然和文化的深刻理解。

东西方建筑布局差异源于环境条件、思想文化的不同：西方文化受海洋和狩猎经济影响，注重个体价值和对外部开放，高大建筑凸显单体价值和对个体英勇的崇尚，强调个体在社会结构中的独特性；东方文化受内陆和农耕经济影响，强调家族观念和群体效应，内开放、外封闭的布局反映宗法观念和社会结构的重要性，体现家族群居和安土重迁的理念（图2-2）。

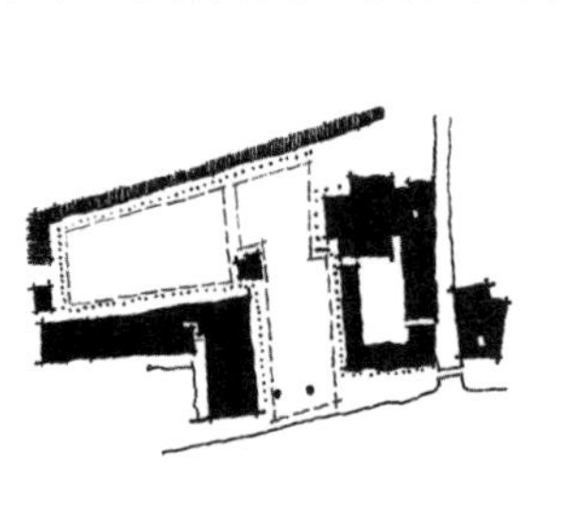
（a）圣马可广场

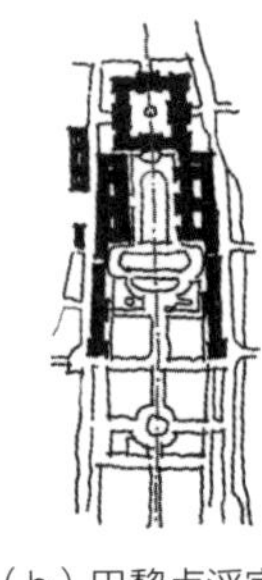
（b）巴黎卢浮宫

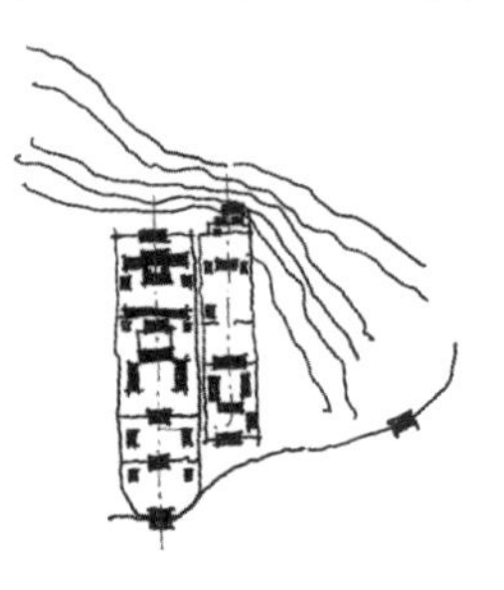
（c）承德离宫云山胜地

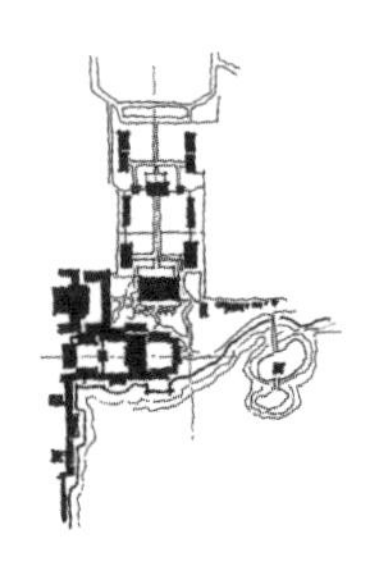
（d）颐和园入口

图2-1 东西方建筑布局比较典型案例

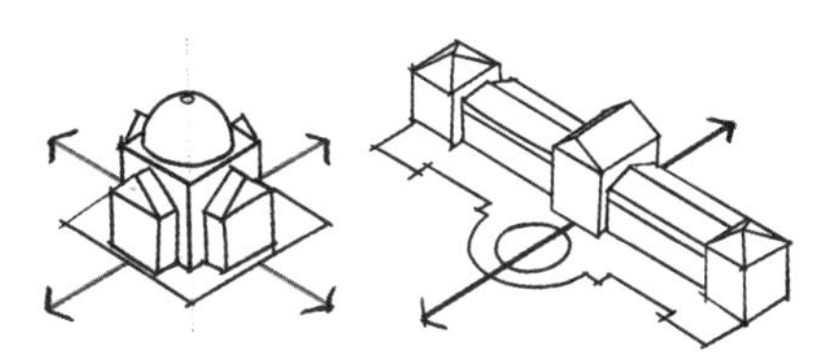

（a）西方建筑布局特征

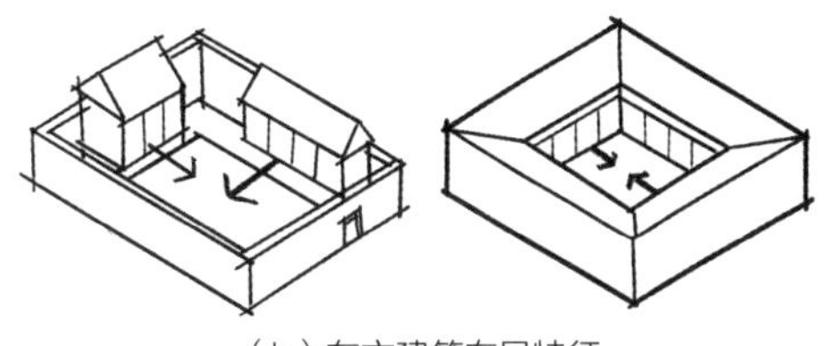

（b）东方建筑布局特征

图2-2　东西方建筑平面布局差异比较图

2．建筑空间（图2-3）

在空间上，西方建筑倾向于采用客观而绝对的价值观，认为空间与时间相对独立存在，这种观念在西方建筑中体现为基于数学逻辑的几何空间，如荷兰勒诺特尔式园林赫特·洛宫苑。与此不同，中国古代建筑在空间上展现了一种依次递进的规律，无论是皇家建筑还是民居建筑，都遵循由小到大、由简单到复杂、由低级到高级的递进方式，体现在建筑单元的逐级增加，从单一的间、栋、屋，逐渐发展为群房、院、府、街坊、城市，如以故宫为中心的北京四合院城市肌理就非常明显地体现了这一特征。这种扩大过程既表现在建筑数量的累积，又体现在建筑体量的逐渐增加，形成一个新的整体，不仅串联起单体建筑，还将各个建筑组织成建筑群体。

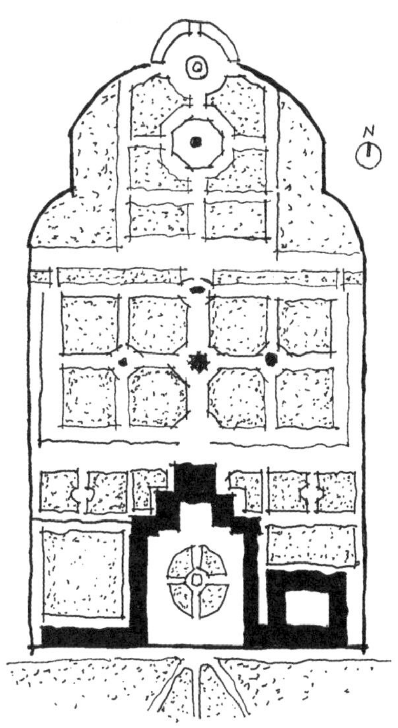

（a）赫特·洛宫苑几何空间

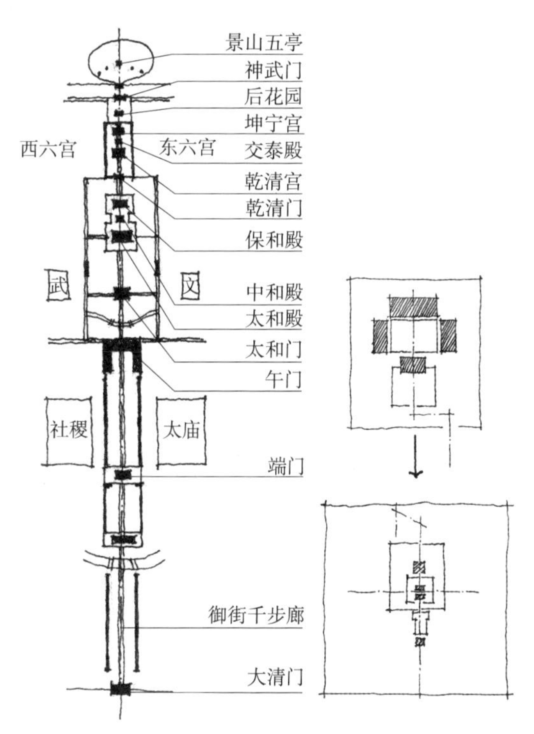

（b）明清北京建筑空间递进方式

图2-3　东西方建筑空间布局典型案例比较图

(a) 西方宫殿

(b) 东方别业

图2-4　东西方建筑材料使用比较图

3. 建筑材料

东西方建筑材料的选择，凸显了两种文化的不同特点（图2-4）。在对自然的态度上，西方古典建筑强调对自然的征服和支配，将建筑视为人类对自然胜利和力量的象征，偏好使用坚固耐久的材料，如大理石等石材，这种选择体现了西方文化中人类的主导地位和对永恒的追求，如雅典卫城意图向全城展示雅典的力量。在社会生产力如此低下的古希腊时期尚且如此，到了文艺复兴时期，最著名的佛罗伦萨圣母百花大教堂更是登峰造极，无不是在宣扬着人的力量。这些耐久材料在开采和加工过程中可能对环境产生破坏，而且使用后难以回收利用；与此不同，以中国建筑为代表的东方建筑追求与自然的和谐共存，通过将建筑融入周围环境来展示其美，“五架三间新草堂，石阶桂柱竹编墙”[1]是中国传统民居材料的真实写照。中国建筑倾向于使用天然、可再生的材料，如木材、草和竹子，这些材料不仅容易获取，而且体现了对自然的敬畏和对可持续性的关注。木材作为一种可持续材料，更符合现代环保和对可持续发展的要求。这种选择与中国古人的人本主义观念相契合，人类文化应建立在对自然的敬畏之上，不能随意干预自然，应追求人与自然间的协调和平衡。

[1]（唐）白居易《香炉峰下新卜山居，草堂初成，偶题东壁》。

二、东方文化中的建筑观

中国古人独特的思想体系，对中国古典文学艺术与建筑、园林的审美观有深远影响，其中“自然”观念是形成中国古代文学作品与艺术作品的“自然主义”创作理论与实践的源头，涵盖建筑、景观、城乡规划、室内装潢等设计领域，如中国古代建筑选址、布局以及吃穿住行皆能体现人与自然的亲近关系。

1. “顺应自然”的环境观

中国传统建筑的“顺应自然”环境观是中国传统文化深刻理解和尊重自然的产物，这一观念贯穿于建筑的选址、布局和整体设计中，反映了传统文化中对自然的崇敬和对宇宙规律的深刻认知。

1）因地制宜，变通之道

中国古代建筑追求规划齐整和对称均衡，同时也注重因地制宜的灵活性，这种理念源于平原地理环境，同时在特殊地理条件下展现出多样性和变通性。山区建筑常选址于坡地或山麓，利用地势起伏打破传统布局，创造独特景观，如山西大同恒山的悬空寺，因场地狭窄原因，呈现出“一院两楼”的一字形布局，借助山势，从西向东依次升高。水乡建筑则注重水域布局，利用河流、湖泊等构建水乡特色，如嘉兴的西塘古镇（图2-5），建筑分布呈现出从滨水密集到陆地稀疏的特征，选址时追求山水融合、阴阳相调，背山面水、坐北朝南的布局，符合中国传统的风水观（图2-6），能够有效遮挡恶劣气候，形成新的和谐状态，对人和自然都产生良性循环效果。

2）负阴抱阳，冲气为和

中国传统建筑选址是关键，中国古代的“建筑师”和“规划师”会详细勘察环境，选址和布局遵循“负阴抱阳，冲气为和”[1]的理念，强调阴阳平衡的和谐气氛，建筑位置、朝向和布局均遵循此原则，与自然环境和谐共生。“负阴抱阳”在建筑布局中体现多样：高低错落展现阴阳对立与调和，明暗对比反映阴阳相生相克，大小不一强调阴阳互补（图2-7）。

[1] 老子《道德经》第四十二章“道生一，一生二，二生三，三生万物。万物负阴而抱阳，冲气以为和”。

3）逸其人，因其地，全其天

中国古代园林建筑更是在“逸其人，因其地，全其天”的原则下展现“顺应自然”的观念。唐代柳宗元在《永州韦使君新堂记》中提到“逸其人，

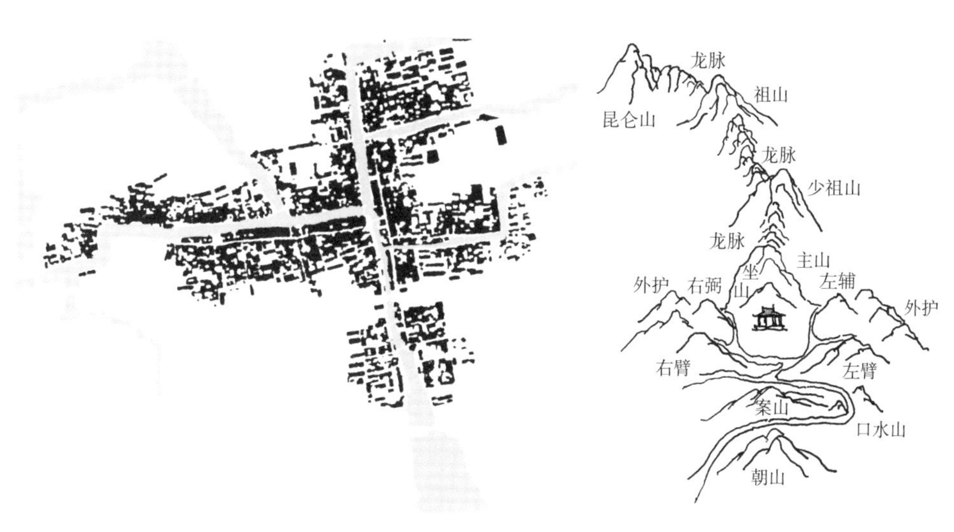

图2-5　西塘古镇总平面图　　图2-6　“最佳风水图”示意

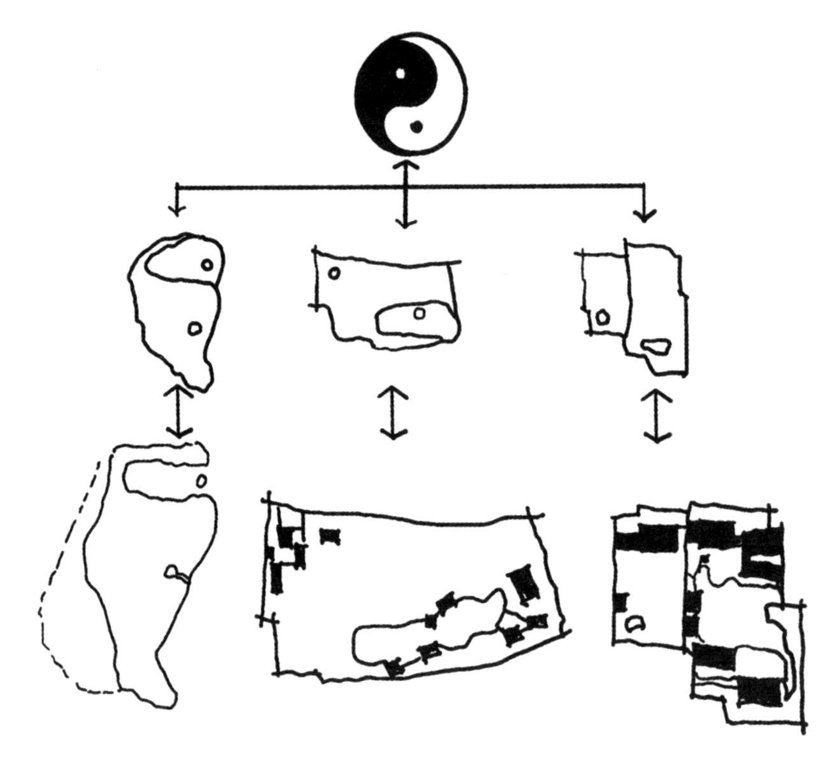

图2-7　中国古典园林与太极图同构分析图

因其地，全其天”，意思是“造园需要按照当下的地形走势，尽量保全它原本的面貌。”这一理念体现了对地形地貌的敏感性，通过巧妙利用地形，园林与自然环境相互融合。

在古典园林设计中不仅会考虑地形、气候、植被等因素，还会借鉴周围的文化和历史，使园林建筑融入自然的背景之中，通过“逸其人”即顺应人们的居住需求，同时“因其地”即根据地形地貌的特点进行设计，最终实现“全其天”即与天地相融合，创造出一个完整的、和谐的自然空间。在拙政园中，“逸其人，因其地，全其天”的理念得以充分体现，园中精妙的设计融合了人文和自然的元素，园内建筑、亭台楼阁的布局考虑了主人的生活习惯和审美趣味，同时充分利用苏州的地域特点，将水、太湖石、植物融合得恰到好处（图2-8）。

2．“礼序和谐”的空间观

在中国传统建筑的布局与设计中，特别强调礼序，中国古典皇家园林尤其明显，如颐和园（图2-9）。中国传统建筑布局多采用中轴对称，纵向的空间序列主从分明，讲究父尊子卑、长幼有序的等级关系。如宋《营造法式》对建筑空间的要求是：“夏度以步，今堂修十四步，其广益以四分修之一，则堂广十七步半，商度以寻周。以筵六尺曰步，八尺曰寻，九尺曰筵”，可见建筑内部的尺寸根据主人身份地位的不同而有大小差异。

1）克己复礼

中国传统建筑空间观强调“礼”的思想，儒家思想中的“克己复礼”要求自我约束，以品德修养达到内外兼修。建筑作为社会空间的体现，其规模、布局和样式都遵循礼的规范，强调内外有别和尊卑有序，这种观念在建筑空间中体现阶级分明，如北京的四合院（图2-10）、云南的“一颗印”（图2-11）、福建的土楼（图2-12）等，都展现了地方文化和社会阶层的差异。同时，建筑布局中的封闭性，如四合院的“间”设计，不仅是对外部世界的隔离，更凸显了对内部私密空间的重视，反映了儒家思想中对内省和克己的重视。

2）不偏不倚，中庸之道

中国传统建筑空间观的形成与发展深受中庸思想的熏陶，中庸思想所倡导的“君子中庸”“不中则不正，不中则不尊”[1]等理念在建筑设计中得以充分展现，使得中国传统建筑空间观呈现出独特性。

[1] 王月清，暴庆刚，管国兴. 影响中国文化的十大经典［M］. 南京：江苏人民出版社，2013：201-235.

李诫在《进新修〈营造法式〉序》中提到“执中两用”思想在建筑中的应用，特别是中轴线的设计理念。在布局中重要的建筑物设置在中轴线上，两侧建筑相互对称，这种布局方式体现了社会中的等级秩序，如北京故

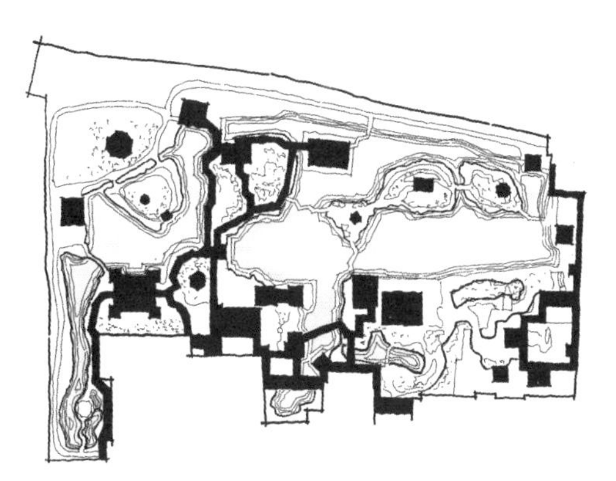

图2-8　拙政园平面图

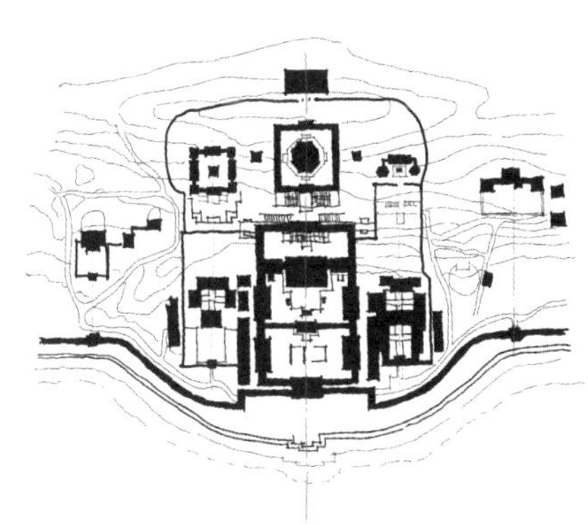

图2-9　颐和园平面图

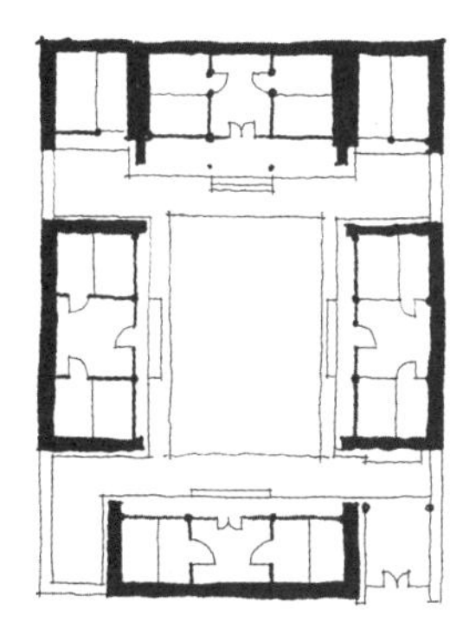

图2-10　北京四合院

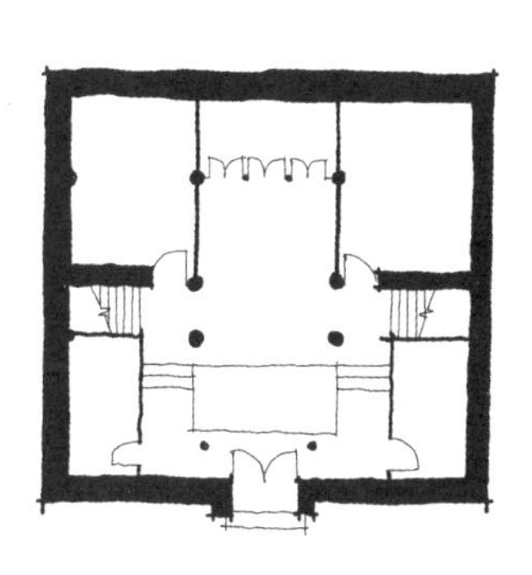

图2-11　云南“一颗印”

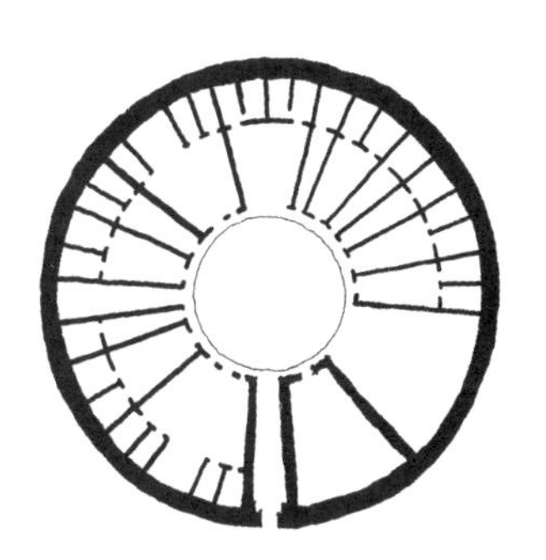

图2-12　福建土楼

宫（图2-3b）是集中庸文化之大成的代表作，从端门开始到神武门为结束的主要建筑依次排列在中轴线上，次要建筑均衡地排列在两侧，形成了以太和殿、中和殿、保和殿三大殿为中心，逐步向两侧展开的院落式布局，各院落相互串联。

3）以空间为主，形式为辅

“虚”空间是道家描述的“无形”在建筑中的体现，衍生出“气”，建筑通过围合定义空间与“气”。中国传统建筑中的“虚”空间反映了内在精神而非外在结构和装饰，例如，“斯是陋室，惟吾德馨”[1]体现了中国建筑强调内在精神的特质，创造出多样的无穷意境。室内外之间的过渡空间同样重要，庭院是其主要组成部分，包含廊、亭、小景、小径等元素，丰富了建筑空间的使用性能，这种过渡空间使建筑空间流动更自然，形成“清静”与“静”之间的逐步过渡。

中国传统建筑空间观既深受儒家思想的“克己复礼”观念影响，强调礼仪、阶级和私密性，又体现了中庸思想中的“不中则不正，不中则不尊”理念，强调和谐、中庸。同时，通过强调“虚”空间和重视过渡空间，体现了对内在精神、个性化的关注，呈现了丰富的文化精神。

3.“见素抱朴”的材料观

“见素抱朴”[2]是《道德经》中强调珍视简朴、原始状态的经典之辞，这一理念影响了中国古代“建筑师”对建筑材料的选择和运用，使建筑空间展现朴素之美。

木材作为中国传统建筑的主要结构材料，广泛应用于梁、柱、檩、椽等承重和连接部位，其独特的弹性和韧性使得木结构建筑在承受重量的同时，也拥有优美的曲线和柔和的空间感。夯土，这种古老的建筑材料，主要用于建造墙体和地基，通过精心挑选土壤、控制湿度和采用特定的夯实技术，夯土墙能够展现出良好的隔热性能和承重能力，为建筑提供稳定的支撑。石材在中国传统建筑中的应用则主要体现在基座、台阶和柱础等部分，其坚硬的质地和耐久的特性使得石材能够为建筑提供稳固的基础，同时也通过精细的雕刻和打磨展现出独特的美感和工艺价值。

通过对木材、夯土、石材（图2-13）等自然材料的选择和运用，建筑空间呈现朴素、原始特质，强调材料的自然之美。

[1] 刘禹锡《陋室铭》。

[2] 老子《道德经》第十九章“见素抱朴，少私寡欲，绝学无忧”。

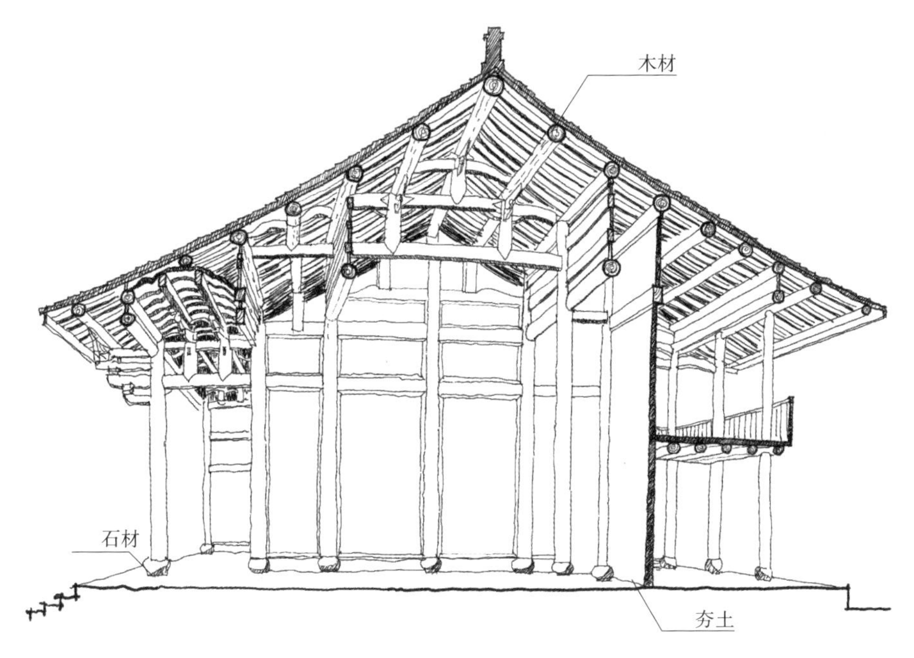

图2-13　木材、夯土和石材在建筑中的展示示意图

三、“适”的建筑观点

中国古典思想文化中，“适”作为一个重要的词汇，承载了丰富的哲学和美学内涵。从庄子的“忘适之适”“自适其适”，到《吕氏春秋》中的“声出于和，和出于适”，再到唐代王绩和白居易分别提出的“吾欲自适其适”[1]和“三适今为一”[2]，以及宋代苏轼的“以适意为悦”[3]和明代李渔的“无一时一刻不适耳目之观”[4]，“适”一词蕴含了多种含义，包括“适中”“适合”“适宜”“适当”“适度”及“恰当”“和顺”“美好”等。

在这一理念中，**“适”既是万物的自然法则，也是事物发展变化的内在要求，是符合“道”的运动规律的一种状态。**它可以被理解为主体精神与客观世界的一种和谐交流状态，通过精神的自由驰骋摆脱形体和观念的束缚，从而与自然生态和社会生态相契合。

“适”不仅是一个词汇，更是一种哲学和美学的态度，它引导着人们思考如何与自然、社会和文化和谐共生，如何在建筑中体现对地域文化的适应性。这一理念的延续与发展，使得中国传统的“适”观念在当代建筑中焕发新的活力，成为设计的灵感和指导原则。

1. 从“顺应自然”到“和而不同”

“适”的建筑观，以外部环境为设计之源，主张在顺应自然的基础上寻求突破，深化建筑与自然的和谐关系，力求达到“和而不同”的境界。设计

[1]（唐）王绩《答程道士书》“足下欲使吾适人之适，而吾欲自适其适”。

[2]（唐）白居易《三适赠道友》“三适今为一，怡怡复熙熙”。

[3]（宋）苏辙《武昌九曲亭记》“盖天下之乐无穷，而以适意为悦”。

[4]（明）李渔《芙蕖》“是芙蕖也者，无一时一刻不适耳目之观，无一物一丝不备家常之用者也”。

应贴近自然，融入其中，而非简单地模仿自然形态。建筑在与自然和谐共处的同时，应展现出其独特的建筑特质，但应避免对自然美感的破坏，在与自然的互动中，建筑不仅是环境的一部分，还应通过创新设计，突破自然的束缚，展现出独特的艺术性和个性。

2. 从“礼序和谐”到“合情合理”

“适”的空间观从东方的“礼序和谐”观念中演变而来，强调建筑空间要遵循一定的规则，要有主次。然而，“适”并非简单地模仿东方传统的礼制和等级观念，而是强调空间的合情合理。这里强调的是“情理”而非“礼制”，注重建筑空间的合理性、情感的表达以及人文关怀。

“适”的空间观念超越了简单的和谐概念，强调对自然规律和人类生活的深刻理解，这体现在建筑的外观设计上，根据外部环境的需要进行设计，使内部空间与外部环境相互渗透。这种对“适”的理解包括了对自然规律、社会秩序、人类生活方式的深入思考，是一种更为全面和深刻的空间观。因此，“适”的空间观要求在尊重传统的同时，做到与当代社会和现代人的生活方式相契合，实现空间的实用性和情感上的共鸣。

3. 从“见素抱朴”到“因需适作”

现代建筑设计中，由于项目类型众多，技术工艺进步和材料品类丰富，从而使得简单的就地取材已不足以解决问题。因此，“适”的材料观从传统的“见素抱朴”发展为“因需适作”，即在尊重材料特性的同时，更注重建筑的实际需求和材料的应用。材料不仅是建筑与环境之间的媒介，体现文化和地域特征，也是人与建筑之间的媒介[1]。在建筑设计中，需深入研究材料的物理、化学和性能特点，以在适当的地方使用适当的材料。同时，在尊重并了解每种材料特性的前提下，揭示材料的天性，并采用适宜的施工方法，以凸显建筑的特色。

以杭州国家版本馆项目[2]为例，建筑本身希望表达出江南宋韵、山水园林的意境。设计人员在现有材料和技术基础上，适度创新，来体现建筑的现代气质和传统气韵。采用现浇艺术肌理清水混凝土技术，形成独特竹纹肌理，营造温润氛围；预制竹纹清水混凝土挂板，实现质量可控、环保施工；夯土墙创新采用现代机械制作纯生态夯土，绿色环保；青瓷屏扇结合了传统青瓷材料、现代钢结构与机电控制集成系统，展示创新可能；钢木构、双曲金属屋面、青石花格砌等元素展现精湛技艺。

❶ 伍曼琳，周静敏. 喂研吾“自然”的建筑理念与材料观研究［J］. 住宅科技，2019，39（5）：34-38.

❷ 详见3.2.7节。

第二节 “适建筑”的主导思想

建筑源于人类对自身庇护的本能需求，从简陋的原始棚屋到现代多样化的建筑，其本质始终是为满足人类需求。建筑作为生活环境设施，应以人的使用目的和满意度为中心，满足起居所需的基本功能和人性化的需求。“适建筑”观强调建筑应以人为本，将满足人的需求作为出发点，建筑不仅是物质载体，更是连接人与自然和社会的纽带。

人类文明的进步让建筑承载了更多意义，除了基本要素如功能、空间、形态、流线外，环境、文化、技术也成为建筑设计的关键考量因素。东西方文化差异导致在建筑设计理念、审美观以及对建筑在环境中的角色理解上存在差异。

西方建筑观往往注重个性与独创性，强调设计从建筑本体开始，再与其他要素平衡。而中国传统文化思想中的整体思维要求局部服从整体、个体服从系统。“适建筑”观受到中国传统文化思想中整体协调观和西方建筑中个体创新观的启发，主张建筑作为个体首先应与周边环境、地域文化和谐共生，但并非单纯强调融合、和谐、共生，而是强调在此基础上的创新。根据对“适”理念实现程度的不同，“适”建筑可以分为两个阶段或层次，分别为“适建筑”和“适+建筑”。

“适建筑”要求在建筑设计过程中对周围环境进行调研和分析，在适应外部环境、功能需求基础上适度传承地域文化，运用适宜技术和材料，合情合理、适度创新是“适建筑”阶段的基本要求。

“适+建筑”是在“适建筑”基础上，根据具体项目类型与需求进一步突破，创作出既与周边环境和谐共生，又能体现一定的意境和神韵，还能彰显独特个性的建筑佳作，合情合理+适度创新+表意传神+彰显个性是“适+建筑”的基本特征。

一、环境优先：以适应物理环境为基础

建筑并非孤立存在，而是与外部环境形成一种密切的关系，从整体出发关注并探索建筑与城市环境、地域文化环境的关系已经成为我们目前建筑创作重要的考虑因素。从物理环境出发“由外向内”的理念是“适建筑”的基础，这里所说的物理环境包括自然环境和城市环境，因此我们要从规划、景观、历史、地理等学科融合的维度去思考建筑方案的合理性和创新性。

那么如何将建筑融入自然环境和城市环境中呢？自然地貌、气候条件是影响建筑的关键因素，通过深入了解周边自然环境的特点，顺应地形地势，最大限度地减少对自然的破坏；建筑的外部形态与周边的环境相契合；建筑的材料、颜色等元素与周边自然环境相关联；通过合理的建筑空间布局，使建筑内外环境相互连接，与外部自然环境融合。这些都是传统建筑学专业首先强调的设计考虑因素。但是，现代建筑设计往往还需要从更大的城市范围考虑建筑空间的相互渗透、共享开放和有机组合，使得新设计的建筑较好地融入城市肌理和城市空间结构中。

建筑融入周边环境的经典案例之一是程泰宁院士早期设计的黄龙饭店，该项目处于杭州城市与西湖风景区边界，主入口面向宝石山，而背后是城市，环境独特，如何处理好建筑与周边环境的关系并满足大型四星级宾馆复杂的功能要求，成为方案设计的出发点。该项目也曾邀请美国著名建筑师韦尔纳·贝克特和中国香港建筑师严迅奇先后做过方案，程泰宁院士认为自己的方案之所以被选中主要是源于东西方文化理念的不同。境外建筑师的方案中建筑始终是主体，与环境的关系只是停留在“协调”的层次上，而程泰宁院士将建筑物看作是自然环境中的一个元素，将原本大体量的酒店建筑分解成3组6个错落有致的小体量建筑，从而使得建筑外部空间与南侧的自然风景得到渗透融合。当人们的视线穿过建筑间的缝隙看到宝石山，仿佛沉浸在“悠然见南山”的意境中，建筑与环境已经成为一个有机的整体（图2-14）。

城市是一个复杂而多元的空间，建筑的布局和形式必须与城市的发展需要相契合，因此建筑师需要站在城市的角度，通过对城市环境的深入分析，审慎设计，确保建筑在城市环境中既能脱颖而出，又能与周围建筑和谐相处。“一个建筑师应该更多地把自己的视角放在城市的立场上，放在对城市文化的追寻上进行设计，而不是仅仅做一个标志性建筑来表现自己……甚至有时候我会觉得建筑是什么样子并不重要，我营造的空间是不是属于这个场所，是不是属于这个城市，反而更重要”，这是崔愷院士对城市与建筑关系的观点。

由崔愷院士主持设计的北京德胜尚城（图2-15）是一座位于北京旧城边上的办公小区，与德胜门箭楼相距仅二百米，历史与今天近在咫尺。在设计之初，建筑师寻找基地周边曾经的城市印记，从老地图中发现此片区域曾经的城市肌理是由小尺度街区、胡同、高密度四合院构成的典型北京旧城肌理，于是想把这种历史演进的过程记载下来，保持某种胡同的感觉。建筑师没有采用现代集中式布局，而是设计了七栋带有院落的单体建筑，在建筑之间形成“胡同”空间，再由一条斜向的小街将建筑、院落与“胡同”串联起

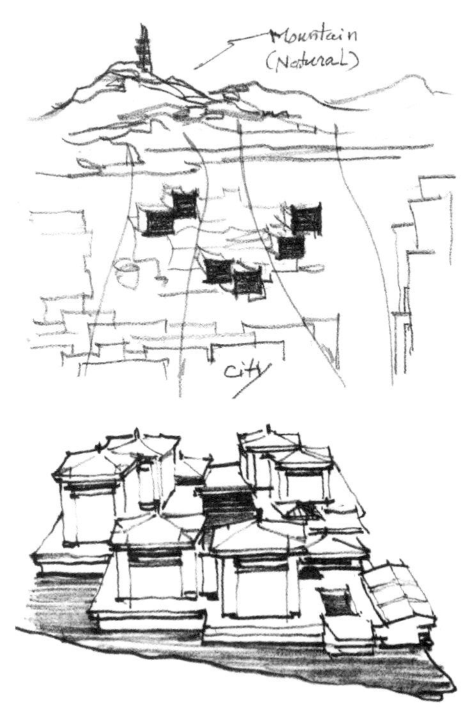

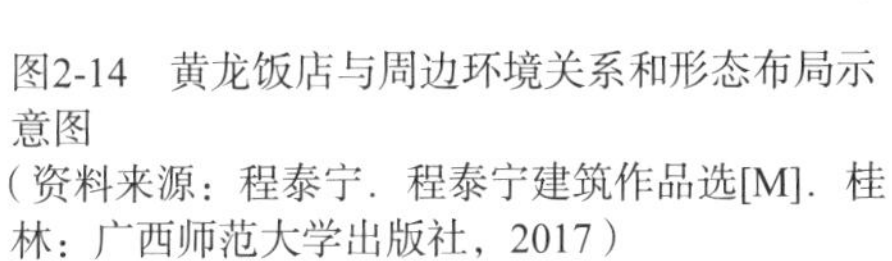

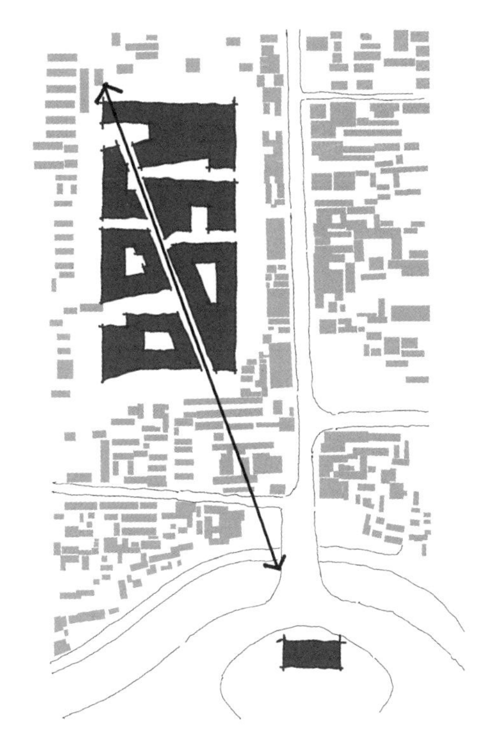

图2-14 黄龙饭店与周边环境关系和形态布局示意图
（资料来源：程泰宁. 程泰宁建筑作品选[M]. 桂林：广西师范大学出版社，2017）

图2-15 德胜尚城周围肌理示意图

来。当人们从城市进入场地，需要经由小街、“胡同”、院落，才能进入建筑内部，这一系列空间体验就是对城市传统建筑文化的传承，在不经意间唤起了人们对老北京城的记忆。[1]

“适建筑”观强调建筑设计的出发点是来自对外部环境的深刻理解，建筑师需要成为环境的解读者，通过对自然、城市的综合分析，将这些因素融入建筑之中，使建筑成为与周围环境和谐共生的有机体。

[1] 崔愷，逄国伟，张广源。德胜尚城，北京，中国［J］. 世界建筑，2013（10）.

二、文脉延续：人文关怀下适度创新

建筑设计首先要满足人的物质使用需求，但是人除了有物质需求外还有精神需求，这就需要进一步挖掘项目所在地的地域文化，强调对使用者的人文关怀。建筑师应该努力将当地的传统文化艺术融入建筑设计中，在广泛学习和借鉴西方文化艺术的同时，融入当地文化的精髓，并将其正确应用于建筑理论和创作中。南京中山陵、北京的人民大会堂等建筑作品，都是当时的创新成果，挑战了传统，并深深影响了几代人。创新在建筑设计中扮演着重要角色，但不是刻意为之，而是发生在不经意间，经过历史实践的检验后沉淀为传统。

“适建筑”主张继承传统文化和创造未来兼顾的价值观，“立足现实、继承传统、着眼未来”是“适建筑”的目标。在建筑创作中，传承与创新是相辅相成的，在把握两者的“度”时，建筑师需审时度势，分析项目背景，深入了解文化传统，并关注社会变革。通过深度融合传统与现代，打破束缚，释放创造力，赋予建筑作品创意特质。这种“度”的把握因项目而异，需灵活运用传承与创新元素，实现最佳融合，创造符合时代需求的特色建筑。

程泰宁院士设计的浙江美术馆体现了传承地域文化下适度创新的理念，在这个项目方案设计中突破江南传统建筑的符号和语言，以现代建筑语言表现出江南文化特有的韵味。浙江美术馆位于西子湖畔，针对限高制约，方案尽量利用地下空间，地上部分依山形展开，面向湖面层层跌落。设计以大片白色石墙作为图底，以深色的钢构件勾勒出张扬洒脱的屋顶线条，粉墙黛瓦的色彩构成和现代玻璃屋顶的穿插组合，让人感到江南传统建筑的韵味，在“似与不似之间”体现出传统文化与时代精神的深层融合（图2-16）。

三、技术适宜：选择适宜技术和材料

建筑领域的发展历程中，技术的创新一直是引领变革的先锋，而可持续理念的兴起也得到了技术的支持。过去，“高技派”的盛行展示了科技的崭新力量，但技术的运用应根据实际情况进行理性选择。适宜的技术是实际设计的核心概念，它强调因地制宜，综合考虑地点、气候、经济、文化和人文情况，选择最合适的技术方案。浙江省体育馆[1]的设计就是一个例子，建筑师唐葆亨没有盲目选择“高”技术，而是根据实际情况创新设计出椭圆形建筑平面和马鞍形双曲屋面的体育馆。为了节省用钢量，他采用了承重索和稳

[1] 详见4.1.3节。

图2-16　浙江美术馆概念示意图
（资料来源：程泰宁．程泰宁建筑作品选[M]．桂林：广西师范大学出版社，2017）

定索编织的受力体系，展现了技术选择的合理性。

适宜技术也着眼于地域性的考虑，它强调吸收新技术优点，与本土传统技术有机结合、创新运用。乌镇互联网国际会议中心的设计就是一个很好的例子，建筑师将当地材料和元素运用到设计中，大量采用小青瓦和创新的仿木斗栱，使建筑与水乡周围环境和谐相融。这种设计既具有现代感，又保留了当地乡土感受（图2-17）。

总的来说，技术和材料的发展和应用应根据实际情况进行理性选择，重视适宜技术的理念。在全球化背景下，吸收新技术并与本土传统技术和材料有机结合，才能创造出真正符合实际需求且具有地域特色的建筑作品。

“适+建筑”是在“适建筑”的基础上进一步突破创新。“适+建筑”首先要做到设计的建筑方案与环境和谐、功能合理、尺度宜人、形式得体、技术适宜，再进一步挖掘当地的文化内涵，创造出能够体现地域文化意韵并彰显个性的建筑作品。这需要建筑师具备更高层次的理论素养和跨学科的知识体系，将地域文化与现代技术、材料相融合，创造出既具深厚内涵又具时代特征、引领潮流的建筑作品。这需要建筑师在创作过程中不断超越自我与行业局限，以更高的标准和更深入的思考推动建筑设计的创新。

建筑的创作方法千变万化，无论从东方传统哲学思想出发讲究在整体环境协调下寻求意境美感的创作，还是从西方哲学思想出发崇尚建筑的个性和自由，先追求形式美感的创新，再寻求各设计要求的平衡，两者的最终目标是一致的，都是在为人类创造更美好的工作和生活环境。“适建筑”观主张在追求高质量发展的当下，好的建筑设计都是首先要适应环境、满足功能需求和运用适宜技术及材料，做到“适建筑”，然后再寻求进一步的突破创新——做到“适+建筑”。

图2-17　乌镇互联网国际会议中心

第三节 “适建筑”的创作思维

建筑创作是一个多因素构成的社会实践活动，涉及众多知识体系，创作要素涵盖了对功能、技术、空间、艺术等不同方面的考量。建筑创作思维对建筑设计质量至关重要，建筑师的创作思维直接导致创作结果的差异，因而需对创作思维进行归纳总结。“适建筑”创作思维的重点是统筹建筑的外在考察与内在审视，对各类需求的准确理解，通过“理”“宜”“度”三个维度总结创作思维，建立有助于在建筑创作过程中进行全面和整体考虑的思维。

一、“理”——合乎情理，不落窠臼

“理”既代表事物内在的客观规律，也代表与环境和谐共存的智慧。对于不合理的现象，应提出有理、有利、有节的建议。建筑设计需梳理环境、场地、功能、形式等多种因素，实现“合情合理”而“不落窠臼”，使建筑融入自然和人工环境，提升品质和设计合理性。

1. 项目条件整理

在面对新项目时，建筑师的第一反应往往会成为设计的主导因素，依托自身专业知识和经验，迅速生成初步的预判、意象或方案构想，尤其是当建筑师经验丰富时，这种初步反应在简单、小规模、约束条件明确的项目中可能起到主导作用。如今项目规模日益扩大，需求和约束条件变得复杂多样，建筑师更倾向通过深入解读项目和背景调研来启动设计过程，通过深度理解项目、把握关键点，灵活地适应多样性需求。因此，建筑师要既重视直觉和经验的初步反应，又注重对基础资料的深度解读和多维度思考，形成清晰的思路构想，为后续设计提供坚实的基础。

1）基础条件

在建筑创作中，建筑师要在充分解读设计条件的基础上进行分析和思考，基础条件的解析对于项目的成功实施至关重要，这一过程旨在深入了解项目的需求、限制条件等。

（1）项目需求

项目需求包括客户、用户及公众的明确与潜在需求、期望和需解决的问题。识别和理解需求是方案能否被采纳的关键，建筑师需深入了解客户需求，包括显性和隐性需求，通过沟通和市场调研挖掘需求，确保方案有核心竞争力；同时，建筑师还需关注用户需求，站在用户角度考虑问题，提供解决方案，关注市场发展趋势，保证产品的市场适应性；另外，建筑师还需关注公众需求，了解社会环境，回应公众关切，提高项目社会效益，并与利益相关方沟通合作，确保项目实施得到支持。

例如在住宅项目中，开发商关注盈利、市场地位和品牌价值，致力于打造高质量、安全、价格合理的住宅，以满足用户对舒适、便捷生活的需求；用户期望住宅项目具备良好的实用性、设施和位置，能够提供舒适的居住环境，同时具备一定的保值和增值潜力；公众则关注住宅项目对城市规划和景观的影响，以及其对经济和社会公正的贡献。在住宅项目规划设计过程中，建筑师需要平衡各方利益，以实现最佳的社会和经济效果。

（2）限制条件

在审视设计项目时，我们需考虑各种内外环境的限制，设计环境包括所有可以激发设计灵感、推动设计进程以及引导设计形态的因素。这些环境因素可以分为两大类：物质环境和人文环境。此外，项目自身的需求限制以及建筑师的个人喜好和经验积累也是设计过程中的重要资源。

①物质环境

包括项目的地理位置、气候条件、自然资源、基础设施等因素。这些因素在很大程度上决定了设计的可行性和实施难度。设计师需要在这些限制条件下，运用智慧和创造力，打造出既符合环境要求又具有独特魅力的作品。

地形地貌特征与景观的关系处理至关重要。地形可作为创作灵感来源，形成独特景观效果的山地、坡地建筑，如杭帮菜博物馆（图2-18），与周边湿地、山体和谐共存[1]。常用的地形造景手法为借景，巧妙组织视点、视线。如安吉两山讲习所项目（图2-19），建筑架空，底层还给自然，引入远处山景，通过退台手法提供开放空间，用于景观绿化或公共休闲。

[1] 崔愷. 本土设计Ⅱ［M］. 北京：知识产权出版社，2016.

当在建成环境中建造建筑时，首先要综合考虑场地环境的现状与特点，包括周围建筑、交通条件、公共设施、业态特色等，对场地提供的各种可能性进行全面评估，考虑如何在设计中利用场地的发展潜力，使新建筑能够与环境相互补充和增强。例如衢州南湖广场文旅综合体项目（图2-20），原址位于衢州老火车站，周边环绕古城墙、护城河和府山等历史元素，主要为居住和商业建筑。新建城市商业中心需与古城传统风格相协调，避免对城市中心产生负面影响。项目采用“建筑景观化”设计手法，主体建筑造型借鉴山形，打破建筑、景观和城市空间的界限；古城街巷空间为传统风貌，设计在“山坡”上布置独立商业用房，与古城风貌相融合；创新水景设计，形成内部流动水系和广场水景，展现山水交融的美景。

图2-18　杭帮菜博物馆平面图

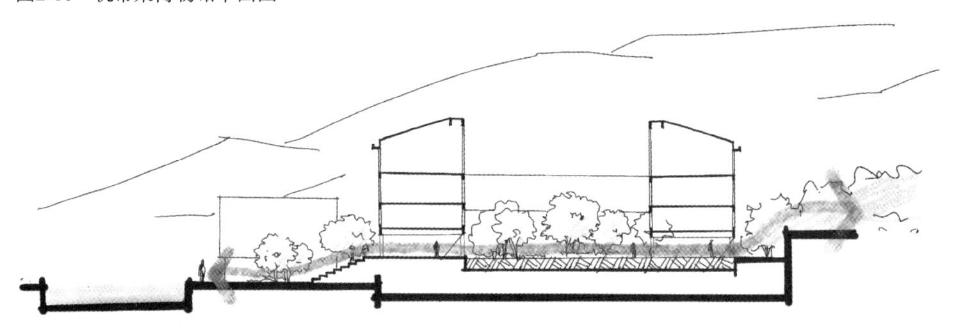

图2-19　安吉两山讲习所台地示意图

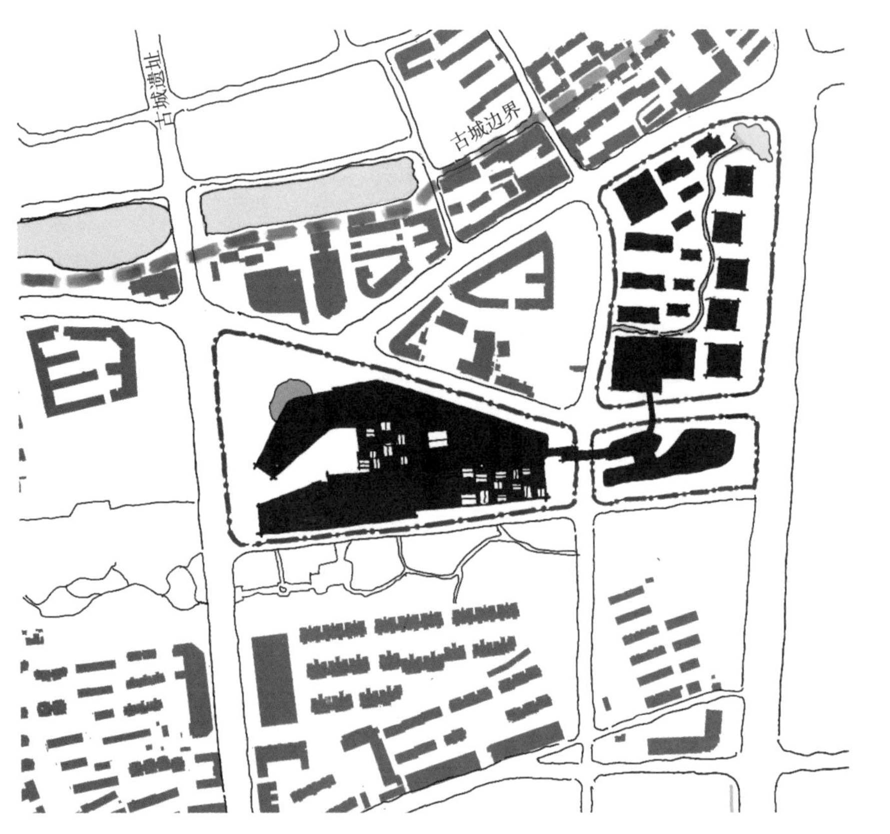

图2-20　衢州南湖广场肌理分析

②人文环境

涵盖文化、历史、社会、政策、经济等多元领域，建筑师在设计时应深入了解当地人文背景，确保设计方案与当地文化相契合。同时，社会和经济因素如预算和政策支持也会对设计产生影响。

文化特质赋予建筑独特魅力，建筑与城市发展和地域文化紧密相连，其独特空间组合和肌理成为城市标志。巧妙运用地域性要素，展现文化特质，使建筑与地域文化相互映衬，赋予建筑完整性和归属感。同时，社会发展趋势和政府政策，如可持续发展、环保和公众权益，均需要考量。将这些趋势融入设计理念，如绿色建筑技术和包容性设计，以适应社会期望和政策导向；灵活利用政府激励政策，如税收激励和项目资金支持，推动特定建筑方向。面对不合理的政策约束，统筹甲方诉求和政府意图，提出合理建议，确保项目与政策和谐共举，体现专业价值。

2）意象定位

在建筑创作过程中，意象是指建筑师在思维空间中，通过对基础资料的深入分析，整合实际需求、文化资源和创作构思等要素，将设计指导原则转化为概念，激发想象并引导赋形。意象涉及的形式可能是模糊的、意会的、概括的，也可能意蕴鲜明具有想象空间，常常以传统文化为土壤。意象帮助建筑师稳定概念思维的成果，为进一步探索具体的形式构成提供灵感和参照。意象对于建筑师而言，不仅有助于在设计过程中将创意从概念转化为视觉形象，同时也是与项目参与各方进行设计沟通的有效载体。正如唐诗、宋词、元曲、山水画等中华传统文化精髓使得意象思维和审美成为我国人民深层次的集体文化心理积淀，因此，意象对于中国建筑师具有格外重要的意义（图2-21）。

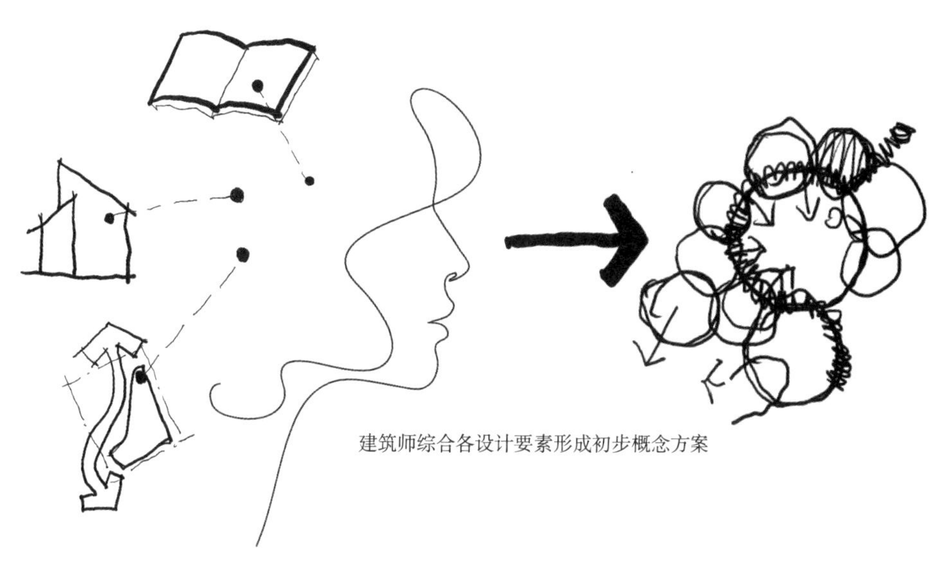

图2-21　建筑师的意象示意图

项目定位是项目概念化思考的核心，基于项目解读、调研和分析，确立设计目标和期望水平。定位对建筑设计的发展方向和成败具有根本性影响，因此需进行深入的定位思考，考虑项目目标受众、市场需求、竞争环境及资源和能力等因素，对每个因素进行深入分析和研究，确保定位基本准确。例如，运用SWOT分析、市场调研、设计思维和用户调研等方法，明确优势、劣势、机会和威胁，制订更好的定位策略，满足使用者的需求和期望。

3）理念策略

在中国传统文化中，理念为诗词、园林或风景名胜等事物赋予文化意义，引发共鸣，并为事物命名，使其具有真实存在意义。在建筑创作中，为设计理念取一个既揭示特点又易于记忆的名字可以为设计添彩，理念不仅赋予建筑师信心和创新灵感，还增进各方对项目的理解，提高传播力，赢得社会认同。对于具有重大影响力的项目，设计理念尤为关键。例如国家游泳中心“水立方”，这个名字形象生动，符合游泳馆的特性，简洁明了，易于传播，提升了项目知名度。

建筑设计策略是建筑师需要考虑的各种问题和可能的解决方案，它并非僵化的设计方法，而是针对问题灵活应变的设计规则，构建针对项目适用的“理论体系”，有助于制订系统化的策略，可以有效推动设计与评价。常见的建筑设计策略有可持续性设计策略、功能性设计策略、人性化设计策略、美学设计策略、经济性设计策略、安全性设计策略、地域性设计策略等，一个优秀的方案往往是综合运用多种策略的结果。

2．功能空间梳理

1）场地布局

布局是对项目基地上的建筑体量、空间朝向、场地及入口等关键要素进行关系布置的过程，核心在于针对基地所具有的约束条件与资源条件，将项目需求和设计理念以建筑语言实现和衔接，以适应外部环境。约束条件包括基地大小、边界、城市道路、退线、规划限高等；资源条件包括古树名木、周边风景、城市绿地、良好朝向等，可通过空间关系组织将约束条件转化为确定因素，结合周边景观绿地等资源条件，使得设计方案更具有内在逻辑。当然，约束因素与资源条件可能因项目性质而不同，如商业区的人流对商业项目而言，其为资源条件，但对幼儿园而言，则成了约束条件，这些设计条件都会影响布局，并激发建筑师的灵感。

2）功能组织

使用需求是方案设计功能组织中首先要考虑的因素，建筑师需灵活应对多样化需求，运用既有或新模式创造满足各种活动需求的空间，如公共建筑需满足集会、展览、娱乐等需求；实验室需满足高度合适且配备抽风设备和管道的实验空间；适老建筑需具备特定的无障碍需求空间等。建筑师应熟悉已有大量成熟功能空间布局要求，如动静分区、洁污分离、内外分区，在理解这些原理的基础上，以基本策略为指导，灵活应对不同空间需求，而非受特定组合限制，例如不同时段不同群体同时使用一座教学楼及其户外体育场，需满足不同群体的使用功能及流线需求（图2-22）。

各功能需求需综合考虑，很多建筑空间具有综合性，建筑师应关注功能衔接与组合，使空间结构适应实际需求。使用程序和功能流线与空间组织密切相关，细致了解使用程序可更好地组织空间功能流线，创造实用高效的空间布局。

3）**意境氛围**

"意境"一词最早出现在诗学领域，在唐宋时期意境基本属于诗学范畴。元明代以后，意境理论逐渐渗透到其他文艺门类，清代开始提出"情景交融"的意境说，开始将意境纳入中国传统美学范畴。建筑作为艺术和技术的结合品，其空间所蕴含的意境能超越具体的、有限的景物，引起建筑使用者无限的想象，引起特殊的灵性共鸣。建筑意境的生成，必须具备"景外之景""象外之象"，即艺术的想象空间，建筑师的意境构思就是要用设计的空间环境激发人们的想象力，从而使人们获得高层次的感染和领悟。正如程泰宁院士所说："意境是一种东方的审美特征和美学观念，它聚焦于人关注包括建筑在内的外部世界对内心的冲击、感受与体验。相较于西方美学以视觉为中心的语言和形式表达，东方美学则致力于'情景交融'的意境营造，追求'情境合一'的审美理想。"[1]在现代建筑设计实践中，博物馆、书画馆、音乐厅或剧场等文化建筑，这些功能与艺术历史有直接联系的建筑被认为有更多的文化内涵，例如杭州国家版本馆，项目借意《溪山行旅图》，重新塑造了园林风貌，运用中国园林的层次美学原理，构建了整体布

[1] 程泰宁之"筑境思考"：语言·意境·境界。

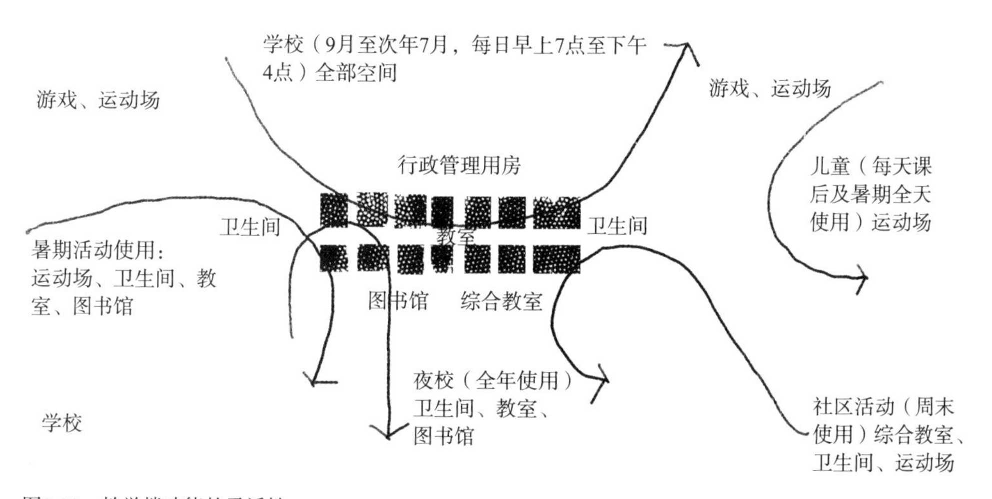

图2-22　教学楼功能的灵活性

局，将建筑巧妙地融入自然环境中，表现出“掩映之美”，塑造了宋画意境（图2-23）。

氛围是空间特性的一种整体呈现，也是空间差异化的关键因素。即使是相同的空间组织，经过空间界定元素（如边界）的不同处理手法，也可能产生截然不同的特性，建筑师通过合理利用材料、结构和光影等要素，将建筑作为场所营造的一部分，与当地的环境形成有机整体。例如，传统造园的过程就是在现场游赏中不断探索体验与建造的可能性，最终的成果并非鸟瞰视角下的宏观效果，而是体验空间的自然衔接。园子的主人善于运用自然景物，同时不拘泥于此，从广泛的文化传统中汲取灵感，他们在人工建造与自然景物、文化意境之间建立起了丰富的联系，池畔的清风、荷花桂花的清香、远山寺庙的钟声与塔影等元素常常成为造园的灵感来源。

3．秩序形式处理

1）体形建构

建筑体形与内部空间的关系在建筑设计中至关重要。有人认为建筑体形由内部空间决定，也有人认为反之。这一争议在理论和实践中均存在。近代建筑师认为，古典建筑过分强调外部形式，限制了内部空间的自由组合。他们主张，内部空间应由功能决定，而非外形，如密斯·凡·德·罗[1]强调：“形式为手段而非目的”“内部充满生活，外部才有生命”。他主张功能对形式的决定作用，以及空间对体形的决定作用，这是一种由内而外的设计思想。但设计过程中，如果只考虑功能不顾及形式的做法也难以想象，这种空间无法满足变化的功能需求，且显得呆板、单一、无生气。

[1] 美国建筑师（1886年3月27日—1969年8月17日），坚持“少就是多”的建筑设计哲学，代表作有西格拉姆大厦、伊利诺伊理工学院校园规划等，现代建筑四大师之一。

（a）宋画　（b）实景1　（c）实景2

图2-23　杭州国家版本馆意境

建筑设计应将内部空间与外部体形统一，达到表里一致。建筑体形要反映内部空间，同时间接反映功能特点，功能差异赋予建筑体形多样化形式。总之，建筑体形与内部空间关系复杂，需把握功能特点并合理赋予形式，以展现建筑物的特性。库哈斯[1]在《小、中、大、超大》（S，M，L，XL）一书中强调，当代城市中建筑规模的不断扩大和功能变化的加速，导致内部空间组织对外部形象塑造的影响力大幅减弱。因此，建筑本身呈现何种姿态、面貌和观感，成为亟待深入探讨的专门议题。在建筑群中，若各单体建筑在体形上存在某种共性，那么共性越显著、突出、独特，各建筑物间的相似性就越强，进而使建筑群的统一性得以充分展现。以黄龙体育中心体育场和体育馆（图2-24）[2]为例，尽管两幢建筑物在大小、形状上存在差异，但皆采用相似的屋顶，且在外形、色彩、质感处理上具有明显共同点，这意味着两者属于同一“序列”。

2）**艺术表现**

为了适应城市化进程的加速和科技的发展，设计往往更注重建筑功能和效率而忽视了建筑艺术，例如20世纪80、90年代苏联大量出现的“赫鲁晓夫楼”[3]。如今我国对于建筑的需求已经从单纯的实用性转向为功能与艺术相结合，需综合考虑。

建筑艺术是建筑个性也就是其性格特征的表现，建筑师可通过建筑功能来赋予其形式，并在此基础上通过含蓄而艺术的手法来强调与其他建筑的差异性，使其个性更鲜明。通过体量组合处理是较为常见的手法，例如办公楼、医院及学校一般采用走道式的空间组合形式，外部则呈现带状长方体，剧院建筑高耸的舞台及观众厅决定了它与其他建筑的形体区别；功能也会影响到立面开窗形式，采光要求高的建筑，开窗面积越大，立面越通透，如居

[1] 荷兰建筑师，OMA的首席设计师，第二十二届普利兹克奖获得者。

[2] 详见3.1.1节。

[3] 在赫鲁晓夫当政时期，苏联各地兴建了一大批5层楼高的小户型简易住宅楼，久而久之就被人们戏称为“赫鲁晓夫楼”。

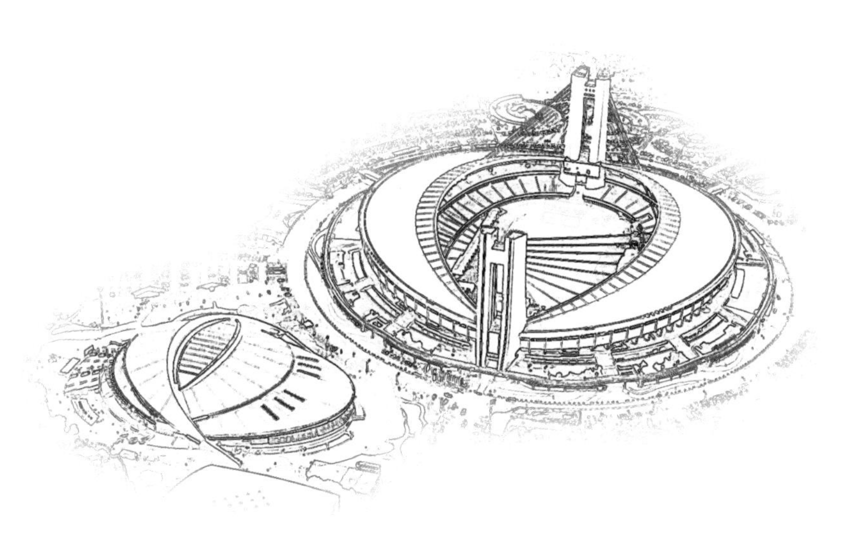

图2-24　黄龙体育中心同序示意图

住建筑，反之立面越敦实，如博物馆建筑；通过激发人的记忆与乡愁也会增强建筑艺术性，人们会通过某一特定的形象标志联想回忆，例如现下兴起的新中式四合院，通过庭院及大门等唤起人们对过往的记忆。

有些建筑如园林建筑和纪念性建筑的艺术表现与其建筑类型息息相关，如园林建筑的空间和体形组合主要考虑观赏性，而纪念性建筑则强调艺术感染力，唤起人们庄严、雄伟等的感受；居住建筑则以小巧的尺度和亲切、宁静、朴素、淡雅的氛围给人以容易亲近的感觉；工业厂房作为生产性建筑，其独特的性格特征体现在空间、体量和门窗设置等方面。

3）立面手法

建筑立面设计是形体设计的深化，所以应在建筑性格和风格上保持一致，并符合形式美的基本规律。立面设计遵循时代性、地域性、大众性及经济性原则，常用的手法有比例尺度、虚实对比、秩序变化、色彩质感、装饰细部等。

比例与尺度：比例是建筑艺术中用于协调建筑物尺寸的基本手段之一，是指局部本身和整体之间的关系。良好的比例能给人以和谐、完美的感受，反之，比例失调，就无法使人产生美感。过高或过宽可通过分段处理，来弱化效果让比例更加协调。东西方传统建筑对比例有着严苛的追求，帕提农神庙的整体和局部反复使用黄金分割，黄金分割是它的“美的密码”。《营造法式》的第一张插图“圆方方圆图”，是一个圆套方和一个方套圆的比例模式。现代建筑师也注重运用数学秩序关系，如勒·柯布西耶的加歇别墅，其立面设计精准体现数学秩序美感，使建筑整体和谐美观（图2-25）。

建筑立面的设计，往往借助一系列恒定不变的要素来彰显其独特的尺度感（图2-26），这些建筑要素，其尺寸和特点为众人所熟知，进而在视觉上为我们提供了衡量周围其他要素大小的参照。例如，住宅的窗户和门口，它们的尺寸和比例使我们能够大致判断房屋的整体规模和层数。同样，楼梯或其他模度化的建筑材料，如砖块或混凝土块，也在无形中协助我们感知空间的尺度。这些为人们所熟知的要素，若其尺寸异常突出，便能够有意识地引导我们改变对建筑形体或空间大小的认知。

虚实与凹凸：虚实与凹凸的处理对于建筑外观效果的影响极大。虚实处理涉及墙面、柱、阳台、凹廊、门窗、挑檐、门廊等要素的组合，必须巧妙地利用建筑物的功能特点把以上要素有机地组合在一起，并利用虚与实、凹与凸的对比与变化，而形成一个既有变化又和谐统一的整体。如我国传统木结构建筑以虚为主，而部分墙体为实，则形成虚实对比；现代建筑入口的处理一般利用虚实与凹凸对比突出重要性（图2-27）；博物馆、美术馆等建筑一般不开侧窗，墙体以实为主，少量虚的部分会对比得格外突出。

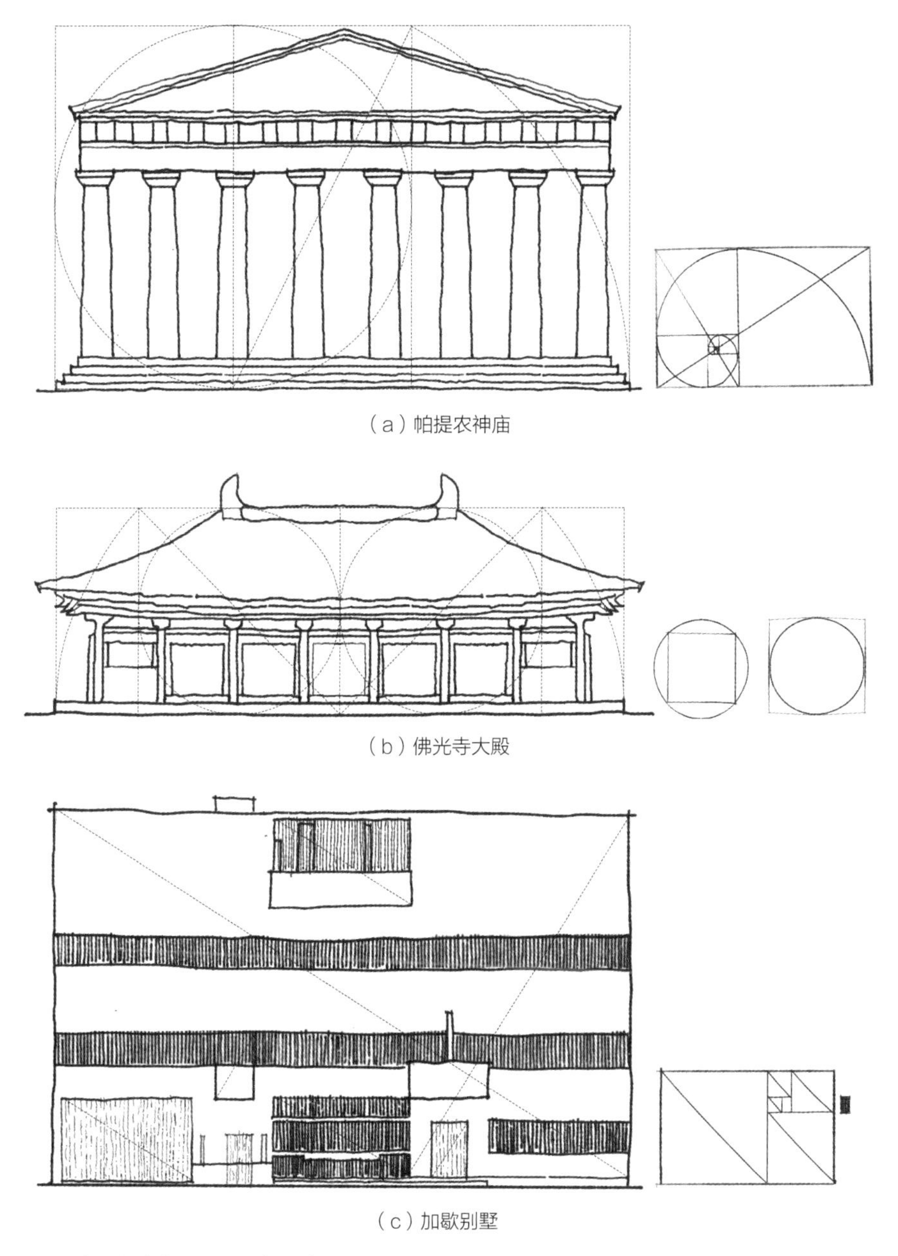

图2-25　中西方建筑立面的比例示意图

图2-26　不同大小的构件在建筑中的尺度感

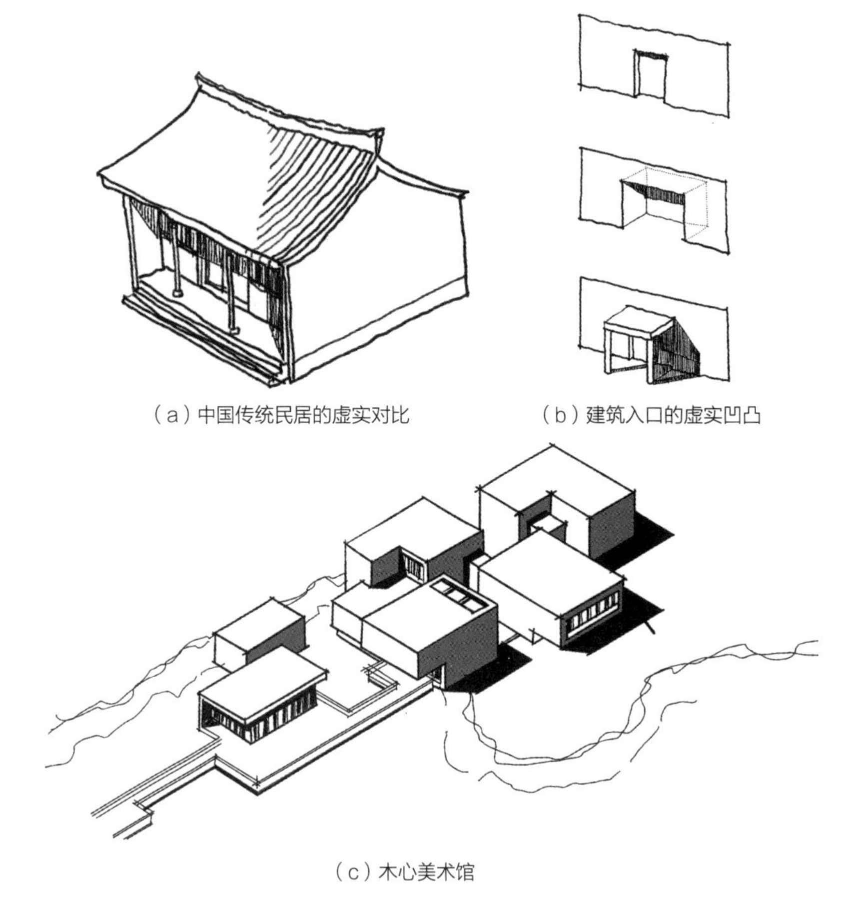

（a）中国传统民居的虚实对比　（b）建筑入口的虚实凹凸

（c）木心美术馆

图2-27　对比凹凸建筑形式空间秩序

均衡与稳定：建筑设计需均衡考虑功能、性格、地形等设计要素，传统建筑与新建筑均衡原理不同。如贝聿铭设计的美国国家艺术博物馆东馆，看似不对称，实则考虑了均衡问题。传统建筑有明确轴线，新建筑则无，传统均衡主要针对立面处理，新建筑则考虑多角度、连续运动过程中的均衡。

建筑由基础几何形态构建，需功能和结构合理才能融合为统一整体。在组合这些元素时，追求整体完整性和统一性是关键，需要建立清晰的秩序感。传统构图理论重视主从关系，这在传统建筑特别是对称建筑中有比较明显的体现。在这些建筑中，主体建筑常位于中央位置呈现出对称性，而非对称的从属建筑则偏向一侧。为突出主体，可增大主体部分或改变其形状，特别是在复杂组合中，在明确主从关系后，需确保良好连接。新建筑在大空间内自由分隔，更适合用“减法”挖除多余部分确保整体均衡（图2-28）。虽方法各异，但都需遵循完整、统一原则。

色彩与质感：在视觉艺术中，直接影响效果的三大要素为形、色、质，在建筑学中形为建筑形体，色与质涉及建筑表面处理。色彩的对比和变化主要体现在色相、明度以及纯度之间的差异性；而质感的对比和变化则主要体

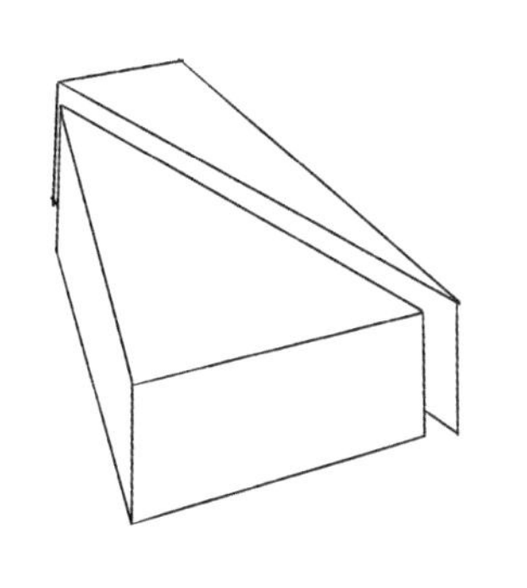
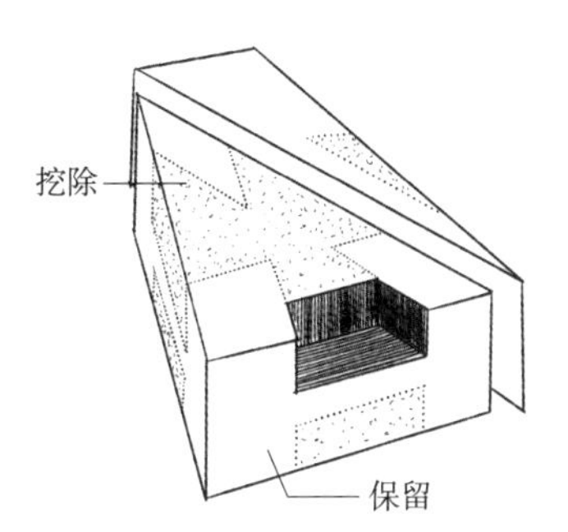

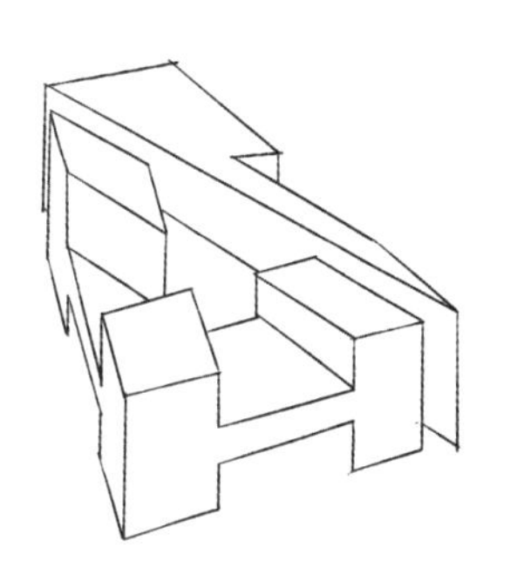

图2-28 “减法”在建筑设计中的应用

现在粗细、坚柔以及纹理之间的差异性。借助色彩与质感的互相交织穿插形成具有韵律美的图案，运用色彩和质感的对比，使建筑立面富有生动的变化。不同的色彩具有不同的表现力，给人以不同的感受，以浅色为基调的建筑给人以明快清新的感觉，深色显得稳重，橙黄等暖色调使人感到热烈。不同的材料质感，表现出的光影变化也不同。很多情况下，设计师在进行形态研究后，才会仓促地决定色彩和质感的处理方式，这导致了许多建筑作品在色彩和质感方面的表现不尽如人意。

装饰与细部：贝聿铭曾经说过：“一个好的设计不仅要有好的构思，而且要细部处理到位”，可见细部设计的重要性。建筑外立面的细部设计可分为功能性细部设计和装饰性细部设计两种。从建筑处理的角度看，局部尤其是细部对于整体的影响很大。在杭州国家版本馆项目中，细节对于整体建筑的重要性得到了充分体现。项目采用了艺术肌理的清水混凝土墙面，精心营造的木纹、竹纹肌理为建筑增添了温润的质感和细腻的触感。同时，项目还使用了青瓷屏扇作为装饰元素，纯手工制作的青瓷片和对屏扇尺寸、重量的精确控制，最终呈现出层次丰富、变化多样的视觉效果，展现出深邃而优雅的气息[1]。

[1] 详见3.2.7节。

二、“宜”——宜人当仁，适材而作

在建筑设计中“宜”指的是建筑空间的流线、尺度、材质、色彩和各类技术运用要以人使用的舒适度为依据，符合人的行为心理，以营造独特而适宜的空间氛围，这要求建筑空间具有在满足人的身心需求的同时能够引发情感共鸣的空间氛围，使建筑不仅是一个物理存在，更是一种情感的载体，通过感知和体验，与人产生深入互动，创造出宜人的室内外空间体验。

1. 舒适空间

营造舒适、愉悦的建筑空间环境是“适宜”的核心。个体差异导致对舒适的感受和定义多样化，需求评价模糊且宽泛，如在一个家庭中，成员对室内光照感受不同，有人喜欢明亮，有人更喜欢昏暗，建筑师的目标是创造一个满足大多数使用者需求的舒适环境。下面从热湿、空气和声光环境三个方面来简单谈一下创造舒适的建筑空间（图2-29）。

1）热湿环境

热湿环境设计应当结合当地气候条件，考虑室内空间的朝向和布局，以最大化利用自然气流和阳光。例如，炎热地区可以利用建筑布局和绿化来营造凉爽环境，而寒冷地区则要注重保温，在极端的气温时都有可调节的温控系统，适应不同季节和个体的需求，且要合理规划通风口和空调出风口，确保整个空间的温度均匀分布，避免局部过热或过冷。

2）空气环境

空气环境设计是指室内空气质量达不到人的舒适度要求时，应采用空气净化技术，确保室内空气清新，减少有害物质的浓度。比如，通过开窗通风等手段，保持室内空气清新；引入植物增加氧气含量；采用新风系统维持空气环境的纯净和稳定等。这些手段的最终目的都是让人在建筑空间中保持一种舒适的感觉。

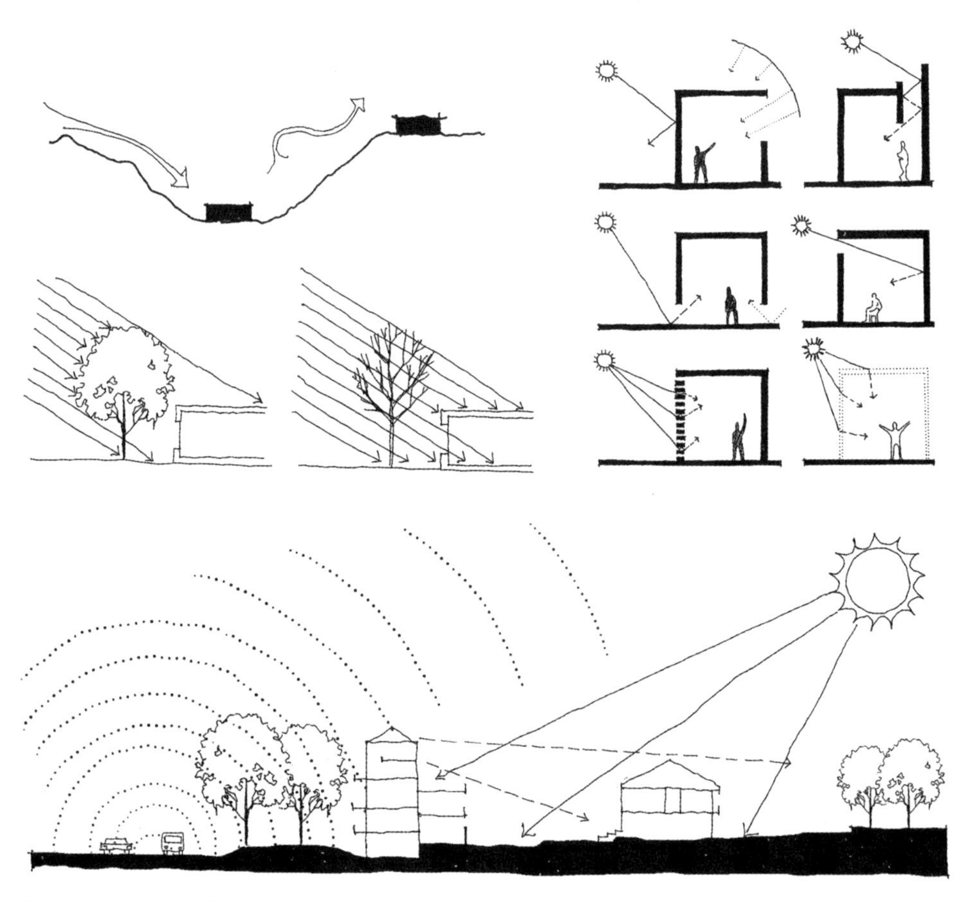

图2-29　适宜建筑环境的营造

3）声光环境

声光环境设计是指针对不同场所和活动需求，提供差异化的声光环境。比如，在会议室、办公室等需要安静的场所，采用柔和光线和低音量音响；而在娱乐场所，可以提供多彩的灯光和更高强度的音响效果；还有些多用户空间可以通过智能控制，根据不同使用者的喜好调整声光环境，营造出符合期望的室内氛围，这些都是创造舒适性空间的重要组成部分。

建筑师要综合运用各种技术手段，营造舒适的热湿环境、空气环境和声光环境。例如，根据当地的气候特点，将太阳能和风能用于供暖、制冷和照明；通过建筑材料选择调节室内环境；利用双层玻璃、保温墙体等可以减少热量散失；利用遮阳设施则可以降低室内温度；利用当地材料和工艺，打造具有地域特色的建筑空间环境。

2．人文关怀

“适建筑”的重要思想之一是设计要以人为本。人性化设计要求建筑师深入考虑人的各项需求，除了满足基本的生理需求，还包括情感、社交、尊重以及自我实现等更高层次的需求。例如，建筑师在进行建筑方案设计时，需关心使用者的各项使用需求，创造方便使用者生活、工作、休闲等的建筑空间；规划师在城市规划中，需考虑满足不同人群需求的住房、交通和公共设施；项目设计与使用者习惯密切相关，要考虑当地文化、习惯、信仰等因素，以得到不同使用者的认可；在进行方案创作时，我们还要考虑公共广场、社区中心和文化设施等公共社交场所，以满足人们的社交需求；另外，建筑师还需关注社会责任和弱势群体需求，如适老性、儿童友好性和无障碍设计，体现对弱势群体的关怀。

唐纳德·A·诺曼[1]提出的情感化设计概念，着重于深度关注用户的情感和心理需求，进而与用户建立情感联系，其中空间限定形式对于营造独特的情感体验至关重要。例如，利用结构体如柱子、片墙、夹层等，可以创造出层次感和变化，进而激发人的好奇心和探索欲望。顶棚、地面和墙面的设计处理对塑造空间形态、大小及其相互关系起着关键作用，进而影响人们对空间的感知和情感体验（图2-30）。

[1] 加州大学教授，为美国认知心理学家、计算机工程师、工业设计家，认知科学学会的发起人之一。

随着现代社会的不断发展，人们对建筑空间的需求已经从单纯的物质需求向在此基础上同时满足心理和情感需求转变。因此，各种类型的建筑空间都需要在设计中融入情感化的考量，例如，商业区建筑需要创造出宽敞舒适的购物环境；图书馆等公共场所需提供适宜的学习条件；医院设计则需要从患者的角度出发，创造舒适的治疗环境，并关注医生和服务人员的工作条件。

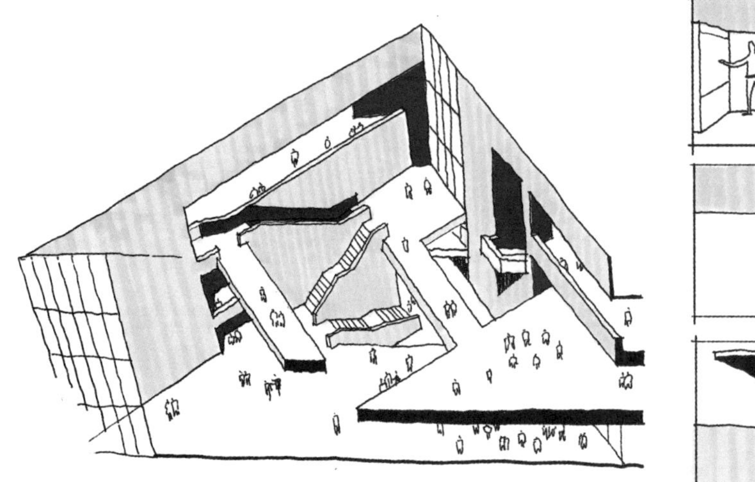
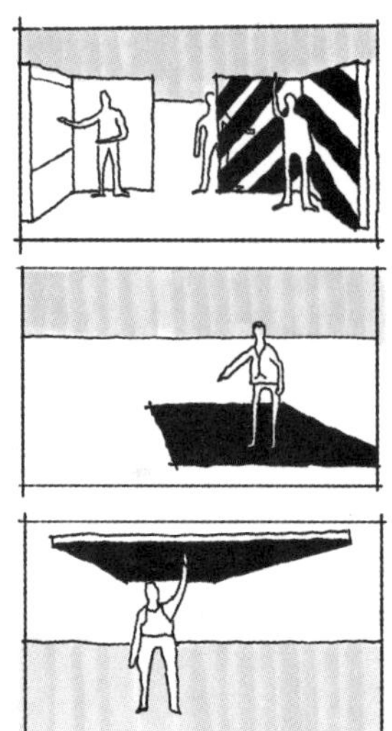

图2-30　独特情感体验的营造

3．适宜技术

“适建筑”以技术适宜、造价适度、环境适应为技术目标，力求创造出符合实际需求的优质建筑作品。在这一目标下，首先要考虑确保建筑的安全性，同时注重尊重地方技术传统，并融合新兴技术。

安全的建筑设计首先要遵循国家和地区的建筑安全法规标准，确保建筑设计和施工符合规定，从而提高整体的安全性。例如，抗震设计要确保建筑在地震发生时能够安全稳固，减小损害程度；合理的防火技术是确保建筑物在火灾发生时不易受到破坏的关键，基本要求是在火灾时能提供足够的时间供人员疏散；建筑使用安全要求采用安全的电气系统和设备，确保电缆、插座、电气设备的合理布局和绝缘，以防止电击事故。

尊重、理解和运用地方技术对提升设计质量至关重要。地域性建造技术历经沉淀和传承，至今实用、经济且合理，适应当地环境和文化。面对现代技术冲击，应持发展眼光看待传统技术，建筑师在设计中要有选择性地吸收传统技术精华，巧妙结合现代与传统技术，以满足当代建筑需求，通过吸收、融合和创新，建筑师可创造具有地方特色、符合现代标准的建筑作品。

数字化技术和生态技术在现代建筑设计中的应用越来越广泛，并发挥着重要作用。数字化技术通过信息技术、存储技术、信息处理技术，提高了建筑设计的效率和安全性，尤其是BIM和AI技术已成为建筑设计的重要工具；生态技术的应用则有助于创建舒适且环保的绿色建筑，通过利用风能、太阳能等资源，降低环境污染和能源消耗。此外，技术适宜性还涉及材料的加工和施工，“适建筑”主张将材料与相应的施工技术相结合，确保施工过程的顺利进行。

随着科技的发展，建筑设计、材料和施工的技术在不断创新和发展，我们在选择相关技术的时候要考虑其合理性和适时性，“宜人当仁，适材而作”的观点主张既要考虑人的舒适需求，也要在技术方面不断探索和尝试，每个项目应寻求其适合的技术解决方案。

三、“度”——适度施为，恰到好处

“度”是事物稳定点的体现，维系内在平衡和良性运转。人类在与自然和社会互动中认识到“度”的普遍性和重要性，形成了“适度”理念。在环境和谐、人际交往中，人类学会约束和调整行为，确保各方面适度。适度实现和谐、优美、有序和健康状态。建筑设计也需把握适当的“度”，设计出和谐、适度的建筑。适度施为指在满足建设目标和环境要求的基础上，结合设计者的创意，采取适当的策略进行综合权衡设计，具体包括以下三个方面。

1．兼顾多方主体利益

建筑师要权衡业主、政府、公众和建筑师之间的关系，协调各方利益、需求和期望，设计出能够兼顾多方要求的方案。

业主：通常项目建设方对自身的利益考虑多一些，作为建筑师应该在满足业主的需求和目标的同时考虑项目的社会影响。在与业主的关系中，建筑师需要充分了解业主的愿望和要求，为业主提供专业的建议，满足业主的使用功能、经济成本以及形象上的要求，同时应尽力说服业主不要采用一些过度的要求。

政府：政府对项目的要求从社会层面考虑大一些，建筑师要确保项目设计在规划、法律和环保等方面符合标准，在设计中还应满足政府对项目的审批、许可和监管等方面要求，对于不合理的情况要尽力想办法沟通交流，找出合理的解决办法，以确保项目的合法性和可行性。

公众：建筑师还要考虑到公众的需求和期望，创造出对社会有益的公共环境，保障公众的利益，如社区的环境质量、人们的健康和安全等方面，使设计方案尽可能得到公众的支持和认可。

建筑师：“适建筑”鼓励建筑师以创新的方式思考，每个建筑师由于专业素养的不同也会对项目有不同的理解和追求，但需要尽量创造出符合自身专业追求标准的设计方案。

以上四者之间往往不总是一致，有时甚至冲突很大，这就要求建筑师不但要有基本的专业素养，还要有社会责任感，同时还要有处理好这四者之间矛盾的综合平衡能力，这样才能做到适度。

2．功能和形式的协调

罗伯特·文丘里[1]提出了“形式产生功能”，而另一位美国建筑师路易斯·沙利文[2]却提出“形式追随功能”，功能和形式的关系一直是建筑师思考的问题，随着建筑技术的发展，更多有创意的建筑形式应运而生，这使建筑物不仅是功能的承载者，同时传达出超越功能的更深层意义。“适建筑”认为功能和形式是相互协调的，具体取决于设计的建筑物本身的性质。有时，为了传达特定信息和概念，设计一个特定空间必须具备某种形式，然而有一些建筑物仍需要将功能作为主要原则，以便真正实现建筑物的需求。因此，功能和形式谁是主导因素需要通过更深入的思考方案本身来决定，一味追求美学而忽视功能或者为了功能而牺牲形式都是不明智的。“恰到好处”的做法是我们回到设计的初衷，思考自己的设计想要表达的主旨，从中找到适合点，实现设计的双重效应，是建筑设计实践中的关键挑战。例如，古根海姆博物馆（图2-31）设计中，参观者乘电梯上到顶层，然后悠闲地沿着巨大的螺旋形步道漫步，欣赏展品，该功能在建筑物的外部形式中非常明显。

[1] 美国建筑师（1925年6月25日至2018年9月18日），获得了1991年的普利兹克建筑奖，著有《建筑的复杂性和矛盾性》，后现代主义建筑代表人物之一。

[2] 美国建筑师（1856—1924年），代表作有温莱特大厦等，芝加哥学派建筑师。

3．创意与成本的权衡

在设计中，控制成本需要全面地管理和协调。首先，清晰的目标和需求是设计项目成功的基础，确保项目的各方都对设计的目标和要求有共同的理解，可以避免后期过大的调整和修改，从而减少额外的成本。详细的成本估算是成本控制的关键一步，在设计初期，建筑师应该进行全面成本估算，包括材料、劳动力、技术和设备方面的开支，并与业主做好深入沟通。这样，设计团队就能够建立一个可靠的成本基准，有助于后续的决策和管理。在选择材料和工艺时，需要综合考虑创意和成本效益，优先选择与项目定位相符合的材料和工艺，并确保满足质量标准，在确实超出成本要求的时候可以采用替代的材料或工艺，但要保证不会影响建筑的整体品质。此外，标准化和模块化设计是降低生产和装配成本的有效手段，使用标准化的组件和模块可以提高效率，降低制造成本，也有助于维护和更换部件时的经济高效性；项目管理技能同样是成本控制不可或缺的一部分，确保任务按时完成，减少延误，可以避免额外的成本；定期监控成本，并进行反馈，有助于及时发现潜在的预算超支，并采取纠正措施。

总之，创意与成本的权衡是建筑师必须熟练掌握的技能。

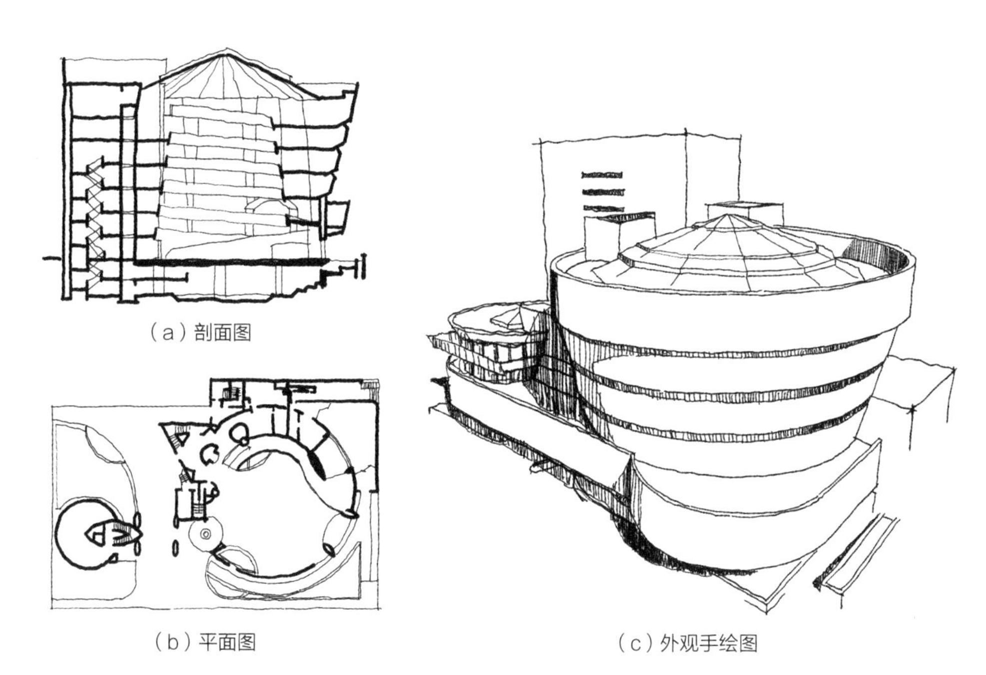

图2-31　古根海姆博物馆形式与功能统一

第四节　小结

本篇的第一部分主要论述了“适建筑”的主要观点。主流西方思想对人的歌颂有其可取的一面，对自然的探索与征服是其文化内核，其勇气和冒险精神对当下建筑设计影响巨大。而中国传统的“天人合一”思想影响中国人的方方面面，也深刻影响中国人的建筑观，如对场地的处理上因地制宜；对空间的塑造上礼序和谐；对材料做法上见素抱朴。“适建筑”从古老的东方哲学出发，在继承中国传统思想的基础上再作发展，是一种对自然平等而和谐、不卑不亢的态度。“适建筑”主张寻求环境与建筑之间形成长期稳定的共生关系；主张在建筑的空间处理上推陈出新，从礼制走向合情合理；主张在材料技术的选择上，从原来的就地取材转为借助现代先进的科学技术，能够按照建筑需求选取适合的材料和技术，突破了原有的束缚。“适建筑”基于以上中国传统建筑思想，积极吸取西方建筑思想的优点，总结出环境优先、文脉延续、技术适宜三大核心价值观，为总结“适建筑”的创作方法在思想理念上打好扎实理论基础。

第二部分阐述了“适建筑”的设计思维与方法，从“理”“宜”“度”三个维度进行划分。

最基础维度为“理”——合乎情理，不落窠臼，是贯穿整个设计过程的思维，强调有机统一、协调合理，尊重场地与场所精神，让建筑从场地中生发出来并与环境融合为有机整体。首先通过深入梳理项目基础资料，了解业主需求及各种限制条件等信息，在此基础上形成项目定位及设计策略，对项目设计的发展方向和成败具有根本性影响；接下来对功能空间进行梳理，合理布局场地、组织空间、安排功能，并努力创作具有意境氛围的建筑空间；最后处理秩序形式，通过整体体形构建体现建筑个性，通过综合考虑体量、比例、尺度、虚实、色彩和质感，使建筑具有艺术表现力。通过以上设计思考，我们期望最后展现出来的设计方案能够做到合情合理但又不落窠臼。

第二个维度为“宜”——宜人当仁，适材而作，这要求建筑方案设计时考虑在满足人身心需求的同时，通过材料的选择与构造方式的精心设计，创造出能够引发情感共鸣的空间氛围。从舒适空间、人本关怀与适宜技术三方面阐述宜人的舒适空间需要通过各类技术手段和材料来营造。人本关怀需满足人们的日常需求、心理需求和文化需求，而舒适的空间及人性化设计往往需要通过适宜的技术来实现。

第三个维度为“度”——适度施为，恰到好处。为满足建设目标所面临的环境要求和自身要求，设计者需结合对建设目标创造性的设想，采取适当的策略进行综合的整体统筹设计来达成“恰到好处”的设计方案。建筑是社会性产物，需实现政府、业主、公众及建筑师多方主体的共赢；建筑也是商品，需考虑创意与成本的权衡，可通过标准化、模块化设计及材料工艺的选择来降低成本，通过高效的项目管理减少不必要的成本等；建筑也应该是具有实用价值的艺术品，应既满足功能需求也具有美感。

下面整理的“适建筑创作设计要素表”（表2-1）旨在梳理设计思路，争取设计出“恰到好处”的优秀建筑作品。

适建筑创作设计要素表 **表2-1**

维度	分类	要素	具体解析
理	项目条件整理	基础条件	在项目解读和背景调研的基础上进行分析和思考，深入了解项目的各个方面，包括需求、限制条件等，为后续设计提供基础资料
		意象定位	意象帮助建筑师稳定概念思维的成果，为进一步探索具体的形式提供灵感和参照。定位需全面分析项目需求、社会愿景、专业追求以及项目必要性、创新可能性和现实可行性等关系，明确项目目标和期望水平，指引创新方向
		理念策略	设计理念既揭示设计特点又画龙点睛；设计策略需权衡三个方面：可行性及必要性；业主利益与社会利益及建筑专业价值；投入产出比

续表

维度	分类	要素	具体解析
理	功能空间梳理	场地布局	合理布局场地平面及立体空间；合理考虑场地约束因素，塑造出合法的可能形式
		功能组织	空间规模、形态、质量、结构、服务设施与实际需要契合；功能流线的组织与使用程序相契合；建筑空间与潜在的活动契合
		意境氛围	设计应具有美感并蕴含人文意蕴；合理利用材料、结构、光影要素，将建筑作为场所营造的一部分，与周边环境形成有机整体
	秩序形式处理	体形建构	体形构建同时考虑内部空间功能与外部空间组织，把握功能特点并合理赋予形式，以展现建筑物的个性
		艺术表现	通过设计手法使建筑具有艺术表现力，如公共建筑表达建筑性格、园林建筑体现观赏性、纪念性建筑具有艺术感染力、居住建筑给人以尺度宜人的感觉等
		立面手法	立面设计应合理选择和搭配各种体量；立面要素均衡；建筑比例关系合理；建筑尺度合理；具有虚实对比；色彩和质感和谐
宜	舒适空间	热湿环境	了解当地气候条件，考虑室内空间的朝向和布局，以最大化利用自然气流和阳光；提供可调节的温控系统
		空气环境	关注室内空气质量；采用空气净化技术，确保室内空气清新，减少有害物质的浓度；设计可调节的通风系统，维持空气环境的纯净和稳定
		声光环境	针对不同场所和活动需求，提供差异化的声光环境
	人本关怀	心理需求	关注人的需求、行为和体验（情感、社交、尊重和自我实现等）
		日常需求	考虑不同人群的住房需求、公共交通和社区设施的布局；满足可持续的城市发展需求；关注弱势群体需求
		文化需求	设计方案能够与社会价值观相契合并得到社会接受
		其他需求	需要具备灵活性，能够适应社会变化带来的新需求，如智能化需求
	适宜技术	建筑的安全性	严格遵循国家和地区的建筑安全法规标准，确保建筑设计和施工符合规定，从而提高整体的安全性
		地方技术传统	充分尊重、理解，并巧妙运用地方技术，结合现代和传统技术，以满足当代建筑的需求
		新兴技术	广泛应用适合的新兴技术（数字化技术、生态技术等）
度	兼顾多方主体利益	政府	确保项目设计在规划、法律和环保等方面符合标准，满足政府对项目的审批、许可和监管等方面要求
		业主	满足业主的需求和目标的同时考虑项目的社会影响
		公众	考虑公众的需求和期望
		建筑师	创造出能够满足自身专业追求的设计方案

续表

维度	分类	要素	具体解析
度	功能和形式的协调	外立面设计与内部功能	外立面的设计要与内部功能相契合，通过形式表达建筑物的特性
		建筑功能布局	建筑布局要能够实现空间的合理利用；不同功能区域的划分、连接和交通线路的规划都要考虑使用者的需求
	创意与成本的权衡	清晰目标和需求	在设计初期，设计者应该进行全面成本估算
		标准化和模块化设计	使用标准化的组件和模块可以提高效率，降低制造成本，这也有助于维护和更换部件时的经济高效性
		选择材料和工艺	材料和工艺的选择应与项目定位相符，同时确保达到质量标准
		项目管理技能	确保任务按时完成，减少延误，可以避免额外的成本；定期监控成本，并进行反馈，有助于及时发现潜在的预算超支，并采取纠正措施

第三篇

行

第一节　建筑设计实践探索

一、浙江黄龙体育中心体育场、体育馆

项目信息

业 主 单 位： 浙江省黄龙体育中心
设 计 单 位： 浙江省建筑设计研究院
体育场主持建筑师： 董宾阳　许世文
设 计 团 队： 焦　俭　赵基达　张　力　周明潭　裘俊琪　冯济平
张　瑾　林可瑶　苏惠芬　邢　漪　宋　涛　聂永明
体育馆主持建筑师： 许世文　林　沨
设 计 团 队： 焦　俭　冯济平　张　力　冯济平　何　江　裘俊琪
亚运改造建筑师： 裘云丹　王松涛　俞乐伟
亚运改造设计团队： 顾蔚翔　叶悦齐　卢云军　陈伟伟　王念恩　楼　平
周鹏飞　王燕鸣　楼　晓　陈晓舫　杨海英　董　平
梁方岭　韩雅各　朱伟凯　周　鹏
图 片 版 权： 浙江省建筑设计研究院、浙江一建集团有限公司
项 目 地 址： 杭州市西湖区
建 筑 面 积： 103338 m^2（体育场）、24489 m^2（体育馆）
设 计 周 期： 1996—1998年（体育场），2000—2001年（体育馆），
2018—2021年（亚运改造）
建 设 周 期： 1997—2000年（体育场），2001—2003年（体育馆），
2019—2022年（亚运改造）
获 奖 情 况：
体育场　获2022年度浙江省建设工程钱江杯优秀设计一等奖
获2009年中国勘察设计协会国庆60周年“建筑设计”大奖
体育馆　获2004年度浙江省建设工程钱江杯优秀设计一等奖
获2004年度国家级优秀工程设计铜质奖

1．项目概况

黄龙体育中心位于西子湖畔的黄龙洞风景区旁，占地约62hm^2，包含体育场、体育馆、游泳馆、网球馆等设施，以及老年活动中心等其他配套设施。体育场为核心建筑，拥有400m跑道标准田径场和标准足球场，可容纳6万名观众。体育场采用钢筋混凝土框架结构和复合结构，看台下部空间被充分利用作为体育配套用房。体育馆位于体育场的东北侧，采用钢混凝土框架结构和空间网壳斜拉索结构，建筑造型现代、运动感十足，与体育场协调一致。体育馆内设有8000个观众座位，可灵活调整，适用于多种体育比赛和其他活动（图3-1～图3-8）。

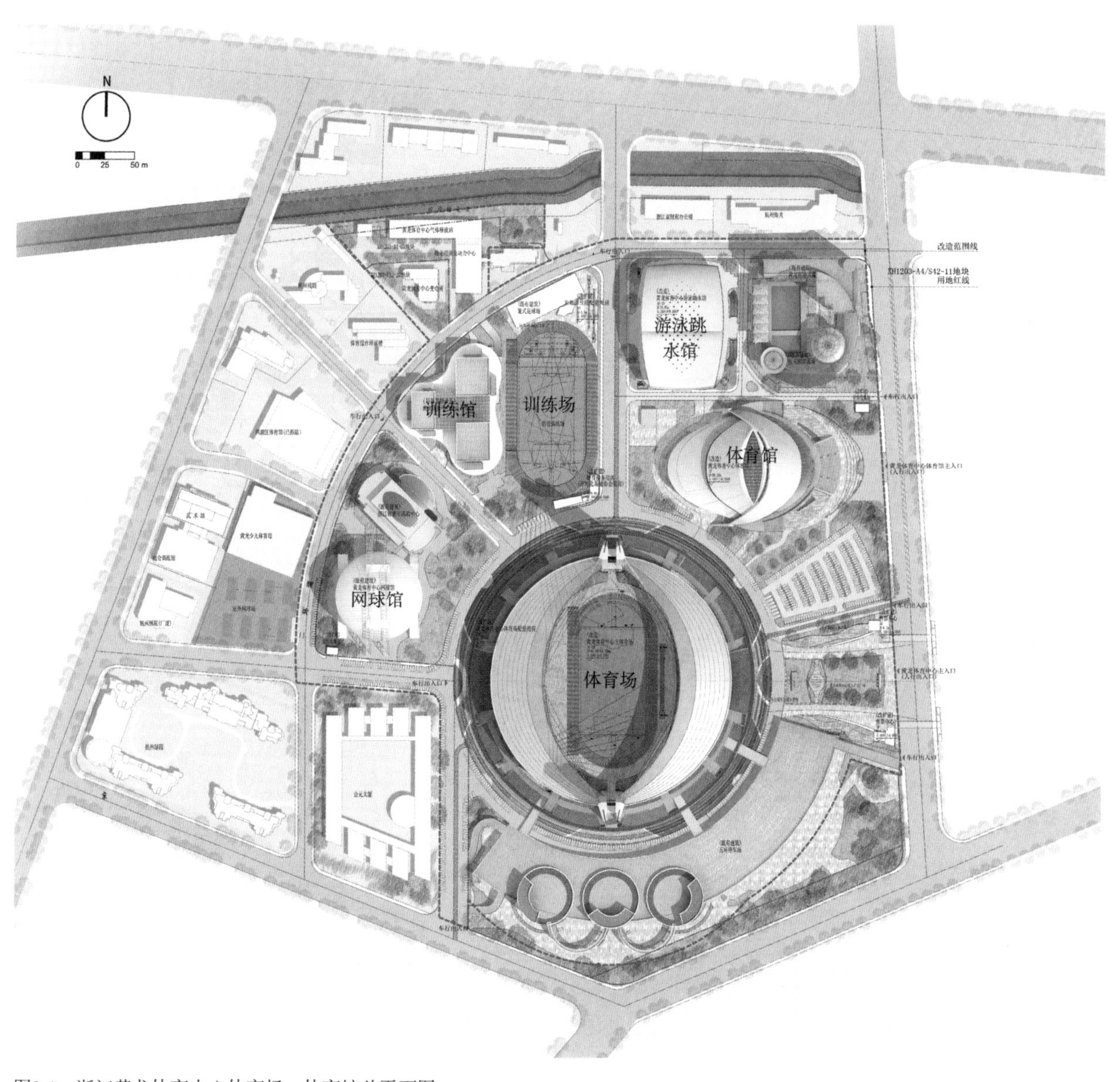

图3-1　浙江黄龙体育中心体育场、体育馆总平面图

图3-2　黄龙体育中心中轴鸟瞰实景照片

图3-3　黄龙体育中心体育场夜晚实景照片

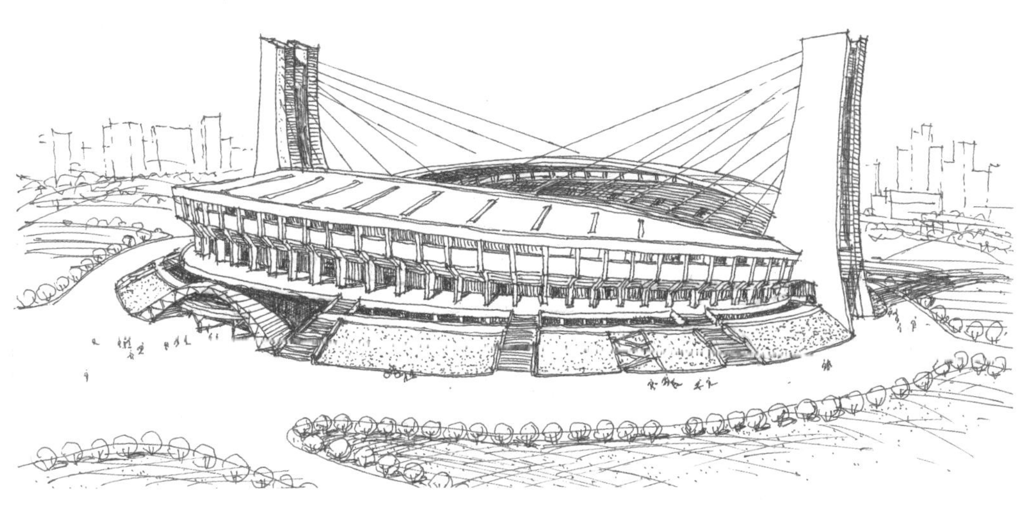

图3-4　作者手绘图

图3-5　黄龙体育中心体育馆室内实景照片

图3-6　黄龙体育中心鸟瞰实景照片

图3-7　黄龙体育中心体育场场内实景照片

图3-8　黄龙体育中心体育场实景照片

黄龙体育中心的建筑设计秉持“适建筑”理念，融合环境、功能、形式和可持续性，创造了一座生命力旺盛且合情合理又适度创新的体育场馆，展示了“适建筑”观在当代体育建筑设计中的实际应用，虽规划设计时间在20世纪90年代，但仍是“适建筑”的典范。

2．设计愿景——融入黄龙，点亮黄龙

建筑是环境的一部分，既要适应环境，又要为环境增色。杭州作为历史文化名城和风景旅游城市，适宜地体现了这一理念。建筑作为城市环境的一部分，其影响力取决于其功能、规模等因素。以黄龙体育中心体育场为例，其规模宏大，对城市交通和景观有着较大影响。

交通问题是大型活动和比赛的关键。体育中心位于城市西侧，周边道路车流量大。为确保交通畅通，团队在体育场东侧设置宽阔入口广场和缓冲区，控制车辆和人流，减少对周边交通的影响。同时，设计环道和放射形道路，使体育中心融入城市交通体系，缓解内部交通压力，并分担城市道路压力。

城市景观方面，设计团队通过三维模型分析，确定了体育场双塔的高度为85m，以避免对西湖景区城市景观造成不利影响。内部景观则凸显体育场和体育馆的形象，体育中心采用开放式布局，让主体建筑形象展现在主干道旁。外部形象完整，群体空间效果好；内部双塔则成为体育中心标志，造型独特，景观丰富，带来步移景异的趣味感。为了减轻体量感，建筑外围设置了绿化坡道，与大踏步的坡道镶嵌，化解了建筑的垂直体量感。

随着时代的变迁，设计团队在亚运改造工程中，对原体育场进行了改造，将绿化坡道变为商业内街，二层架设空中跑道。改造后的黄龙体育中心，强调以人民为中心的公共健身服务理念，成为运动休闲综合体、文体培训大本营、竞赛表演集聚区、场馆运营新典范和体育消费新场景。

3．设计目标——打造舒适的观赛体验

建筑旨在为人类服务，因此设计需以人为本，关注人的需求。建筑师需优化使用功能，在体育场设计中，观众流线、视线和舒适度至关重要。

观众流线组织是首要考虑因素。为让6万观众安全、及时地进出体育场，避免与运动员、工作人员流线交叉，我们设计了抬高的观众休息平台。观众通过室外大踏步直达平台，环绕体育场向四周延伸。看台分上下两层，座位数相近，观众可快速选择上下层。56个包厢位于一层看台最高处，与休息平台等高，便于观众疏散。

视线设计是体育场设计的核心。根据经验，6万观众规模的体育场视觉效果近似圆形，因此外轮廓采用直径约250m的圆形。内场为400m标准跑道，椭圆形布置。椭圆形的组成方式通常有两种，一种由两个心形圆弧与直线组成，另一种由四个心形圆弧组成。前者的优势在于第一排观众席距离田径场地较近，但西看台观众观看100m外赛事时的视觉舒适度较差，而后者的优势与之相反。本设计采用四个心形圆弧组成的椭圆形，增加内轮廓弧线半径，减小看台与100m跑道距离，融合两者优点。剖面设计确保观众视线清晰，第一排高出比赛场地2.1m，视线升高值0.06m。设计视点位于直跑道最外缘地面，让每位观众都能清晰地看到比赛场地内所有活动。

观众席的排距设计为85cm，座宽为50cm，这在当时国内新建体育场馆中属于相对较高的标准。观众席内不设柱子，确保所有观众的视线都不受任何遮挡。同时，为了防止观众遭受日晒雨淋，观众席上方设置了钢结构雨棚，投影覆盖率达到整个观众席的93%。

设计中还考虑了方便残疾人的无障碍设计，在体育场的西侧设置了两组残疾人通道，可直通至休息平台。休息平台上配备了残疾人专用厕所，观众席内也设置了专门供残疾人使用的座位。

4．建筑形态——飞翔的理想与现实的翅膀

黄龙体育中心体育场的设计是一次创新尝试，创新应在适度条件下合情合理。1996年7月，受第27届奥运会运动员拼搏精神的启发，我们想到用天鹅展翅飞翔的形象象征奥运精神。分析后，我们决定在体育场雨棚的钢结构上进行创新。经过反复思考和与结构工程师讨论，我们提出了一种结构方案：通过斜拉索与空间网壳结合，外侧由看台外侧混凝土柱顶的外环梁支承，内侧环梁由南北两端吊塔上的斜拉索拉住。这种设计让观众席上无柱子阻挡观众视线。

体育场雨棚结构主要受到风荷载的影响，尤其是风的吸力。风荷载成为对结构考验的最重要因素之一。当风向下作用时，主要由斜拉索承担，但风向上的吸力问题则更为复杂。结构工程师们通过布置稳定索在网壳上，增加结构刚度和承受向上的风吸力，使结构受力更为合理、有效。体育场雨棚进深最大处51m，南北双塔高85m，斜拉索共18根，其中四根索承受的力最大

可达500t，最小的四根为50t。南北双塔斜拉的雨棚形象独特，成为黄龙体育中心体育场的鲜明标志。

在造价方面，体育场展现了良好的经济性。相较于其他体育场馆雨棚造价的单价，南北双塔与2.6万m^2的雨棚总造价为5000多万元，仅为一般情况的三分之一，体现了较好的经济合理性。这一成本控制得益于高效管理、规范施工和雨棚钢量的合理减少（低于70kg/m^3）。黄龙体育中心不仅优化了雨棚等关键部位的材料和结构选择，还在施工阶段采用了精密高效的工艺措施，确保建设过程中的造价控制。

5. 感受总结

从20世纪末项目设计的时间点来看，黄龙体育中心不仅拥有出众的外观造型，更重要的是其背后蕴含的“适建筑”设计思想。建筑师以人为本，从环境、业主和设计的多重需求出发，通过平面布局、流线组织、视线设计、结构选型等多方面的考虑，最终实现了功能与美学的统一。如今，黄龙体育中心不仅是一个体育设施，也是杭州一个重要的旅游集散中心，还是杭州市的一项重要文化和体育地标，它的现代设计理念和多功能性使其成为城市的一个亮点，在杭州举办“G20杭州峰会”和亚运会期间，吸引了来自世界各地的大量游客和体育爱好者。

二、上虞百官广场

项目信息

业 主 单 位： 上虞六和置业有限公司

设 计 单 位： 浙江省建筑设计研究院

主持建筑师： 许世文

设计负责人： 施祖元　许世文

设 计 团 队： 裘云丹　范晓军　焦　俭　周　皓　李骏嵘　陈志刚　张　力　王念恩　吴正平　吕　初

图 片 版 权： 浙江省建筑设计研究院

项 目 地 址： 绍兴上虞

建 筑 面 积： 130532m^2

项 目 类 型： 办公建筑

设 计 周 期： 2006—2007年

建 设 周 期： 2008—2013年

获 奖 情 况： 2014年度浙江省钱江杯优秀设计一等奖

2015年全国优秀工程勘察设计行业奖建设工程一等奖

1. 项目概况

上虞百官广场位于绍兴市上虞城北新区，地块用地面积40000m^2，建筑高度207m，总建筑面积130532m^2，地下建筑面积22805m^2。建筑地面以上50层，地下2层。本项目用地地势平坦，视野开阔，具有极佳的景观资源。功能上可分为办公（主楼）、商业（裙楼）、地下停车库及设备用房。建筑一层为主楼办公门厅及裙楼门厅、配套银行、精品展示厅等，主楼和裙楼之间单独设一个二层通高的办公主门厅，同时也是内部联系主楼和裙楼的交通枢纽空间；建筑二层为精品展示楼层；建筑三层主要为餐饮部分，共设有餐饮包厢、中餐大厅及自助餐厅；建筑四层主要为会议室、多功能厅及办公用房；建筑主楼3～8、10～20、22～35、37～49层平面为标准层办公楼层；50层为观光层，建筑9层、21层、36层为避难层（图3-9～图3-14）。

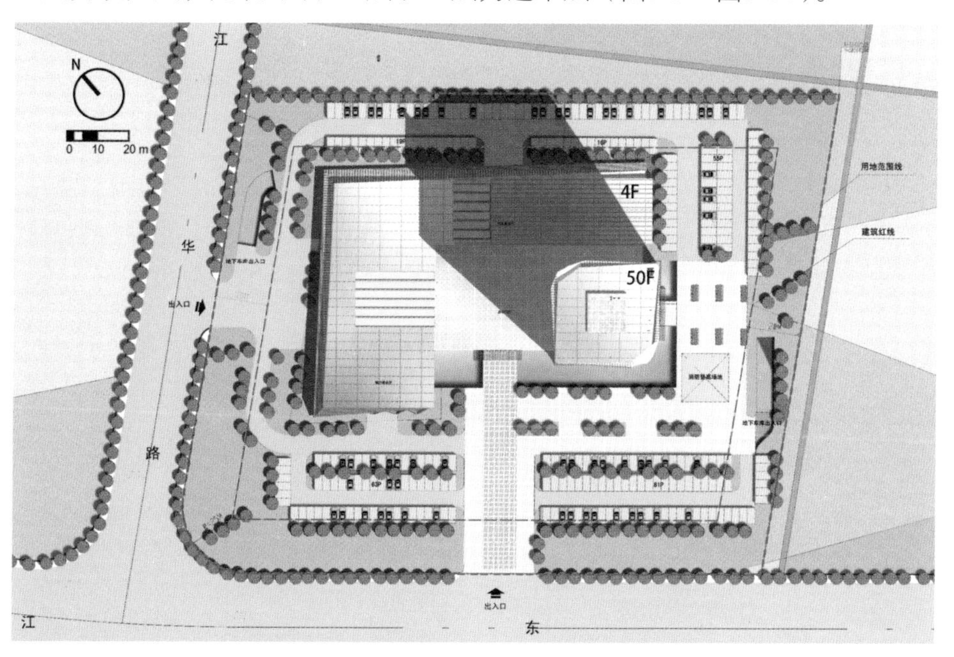

图3-9 上虞百官广场总平面图

图3-10 上虞百官广场曹娥江景观资源分布示意图

图3-11　上虞百官广场沿江鸟瞰实景照片

图3-12　上虞百官广场入口实景照片

图3-13　上虞百官广场沿江实景照片

图3-14　上虞百官广场实景照片

2. 设计目标——寻找优势与限制条件的公约数

百官广场项目，地处绍兴市上虞区曹娥江北岸，地理条件得天独厚，其目标定位为上虞的城市新名片。项目在实施过程中，因本项目为政府零地价出让，所以在设计上有多方面的严格限制，设计目标是建一幢能展现城市形象的、高度不低于200m的超高层办公楼。此外，项目用地严禁买卖，业主必须为在上虞注册的企业。经过多轮磋商与筛选，最终由上虞地区的十八家建筑业企业共同携手，组建联合体进行开发。

业主方面提出了一系列具体需求，包括商业面积的比例、工程造价、零地价政策以及办公楼与商业设施的均衡布局等。对此，政府方面表现出了积极的合作态度，特别是在零地价问题上给予了明确支持。

设计方案经过严格筛选，我们在众多竞标方案中脱颖而出，成功中标。该方案充分融合了政府诉求与业主需求，以适度创新的手法，为城市注入了新的活力。

3. 设计理念——复杂条件下的“适度”设计

建筑平面布局的核心在于处理建筑与四周道路的关系，并利用江景资源提升品质。项目地块西侧为已建成的职教中心，北侧为规划居住用地，南侧为曹娥江，东侧为三环路。总平面设计从地块周边现状和规划入手，主楼布置在东南侧，以最小化对北侧居住用地和西侧学校的影响，面向三环路和江东路的一侧设计为直接落地，以更好地展示给两个开阔面，满足项目的初步形象需求，同时提供开阔的视野和良好的江景资源；裙楼近江华路，主入口向此开放，利用人流提升商业价值，与办公主楼明确分区，流线清晰，内部紧密相连，互不干扰，便于管理经营；基地西侧和南侧各设机动车出入口，南侧为主楼车辆出入口，西侧为裙楼车辆出入口，两股车流互不干扰；主楼东南侧设休闲广场，机动车消防环道从外围通过，实现人车分流；商业部分作为裙房，呈L形布置在西侧及北侧，与主楼形成三层通高的共享大厅；主楼与裙房耦合关系良好，联系方便且互不干扰，建筑平面方整，位于地块中间略偏西北，为东侧和南侧留出大广场空间。

方案外观设计简洁大气，主楼为全玻璃幕墙，裙楼则为石材与玻璃幕墙结合。作为上虞地标，设计寻求个性与经济性的平衡，展现建筑恢宏气势和灵动变化，展现上虞建筑业企业的进取精神。平面设计注重兼容性、舒适性、节省投资和提高面积使用率，采用规整方格柱网，适应多种功能需求。考虑经济性和功能需求，主楼和裙楼柱网不同。考虑经济性，剖面设计时各楼层高根据每层功能不同经过精心设计。

该项目因业主对经济成本的控制较严，外立面设计简洁，未采用高档材料，整体而言，项目完成度高，业主、政府和市民均满意，建筑师在造型和立面创作上得到了“适度”发挥，建成后成为当地标志性建筑。竣工后，周边地块土地价格迅速增长，区域得以快速发展，证明了政府在该项目上零地价政策的前瞻性。

4．建筑技术——适宜的结构体系与幕墙系统

本项目在结构的稳定性和抗震性方面，采用了适宜技术和材料，通过空间力学模型如SATWE和PMSAP软件进行精准分析；在抗震设计上，控制结构总体扭转效应，合理设置扶壁柱或暗柱以改善受力状态，并对竖向不规则结构薄弱层进行特殊处理，薄弱层采取增大地震作用标准值的地震剪力系数，在抗震方面取得了非常好的效果。对于楼板局部凹入或开洞，采取加强措施，如加厚楼板、提高配筋率，采用双向双层配筋确保强度和刚度。结构材料底部采用C60高强混凝土，使用型钢混凝土柱提高框架延性。

建筑外立面采用混合幕墙系统：东侧以竖向遮阳铝型材划分玻璃幕墙，有效遮挡反射光，梁间采用铝板强化垂直线条感；幕墙玻璃采用Low-E镀膜玻璃降低热能吸收，提高节能性能，严格控制窗墙比，满足节能要求；西侧板楼采用横向遮阳铝型材，保持设计一致性并满足节能要求。

综上，本项目整体设计体现了较全面的适宜性和科学性。

5．感受总结

在诸多限制条件和挑战下，我们通过不断地调整和沟通，使本项目建成后最终实现了“适”的结果。在环境方面，总平面布局合理，室内外空间过渡自然；形象上，与城市新地标的形象定位相符；功能上，平面功能分区合理，商业与办公分区清晰，柱网规整，均好性强；同时采用了适宜的技术措施，使得造价控制在经济范围内，降低了日后的运行维护费用。

百官广场项目在设计过程中，与业主和其他相关部门进行了多次、反复的沟通和调整，双方在坚持和妥协中使得各个方面逐渐取得了一致性，这也是“适建筑”追求多方主体共赢的最典型案例之一。在建筑师处于弱势地位的情势下，尽管面临各种困难，仍然抱有追求和情怀地面对设计工作，才能最终建成“适”的建筑。

三、乐清市图书馆迁扩建及博物馆建设工程、乐清市文化综合体项目

项目信息

设 计 单 位： 浙江省建筑设计研究院

项 目 地 址： 浙江温州

图 片 版 权： 浙江省建筑设计研究院

项 目 名 称： 乐清市图书馆迁扩建及博物馆建设工程

业 主 单 位： 乐清市文化广播新闻出版局

主持建筑师： 许世文　王海波

设 计 团 队： 焦　俭　侯　静　费新民　张溯天　郑叶路　卢云军　苏慧芬　何　江　吴　拓　张　力　陈金花　吴正平　王　涛

建 筑 面 积： 33000m^2

设计/竣工年份： 2010/2016年

项 目 类 型： 文化建筑

获 奖 情 况： 2017年度浙江省建设工程钱江杯奖（优秀勘察设计）
建筑工程类二等奖
2017年度全国优秀工程勘察设计行业奖
优秀建筑环境与能源应用三等奖

项 目 名 称： 乐清市文化综合体项目

业 主 单 位： 乐清市中心区开发建设管理委员会

主持建筑师： 许世文　张溯天

设 计 团 队： 焦　俭　王海波　郑叶路　钟亚军　苏慧芬　卢云军　何　江　王　润　陈金花　张　力　吴正平

建 筑 面 积： 51173m^2

设 计 周 期： 2010—2011年

建 设 周 期： 2011—2016年

项 目 类 型： 文化综合体

获 奖 情 况： 2018年度浙江省建设工程钱江杯奖（优秀勘察设计）
建筑工程类一等奖

1. 项目概况

乐清市文化中心项目位于乐清市中心区A-d地块，西临三环路，东临四环路，南靠晨曦路，北接东山路，交通便利，环境优美，北侧水域开阔，南侧与市政府及市民广场相望（图3-15～图3-27）。

项目包含三个地块：A-d4地块为图书馆、博物馆项目，占地面积19565m²；A-d7地块为文化公园项目，占地面积53709m²；A-d11地块为文化综合体项目，包括群艺馆、剧院、音乐厅影院等，占地面积32237m²。该项目以市级文化设施为主导，集群众文化设施、创意、休闲等功能于一体。

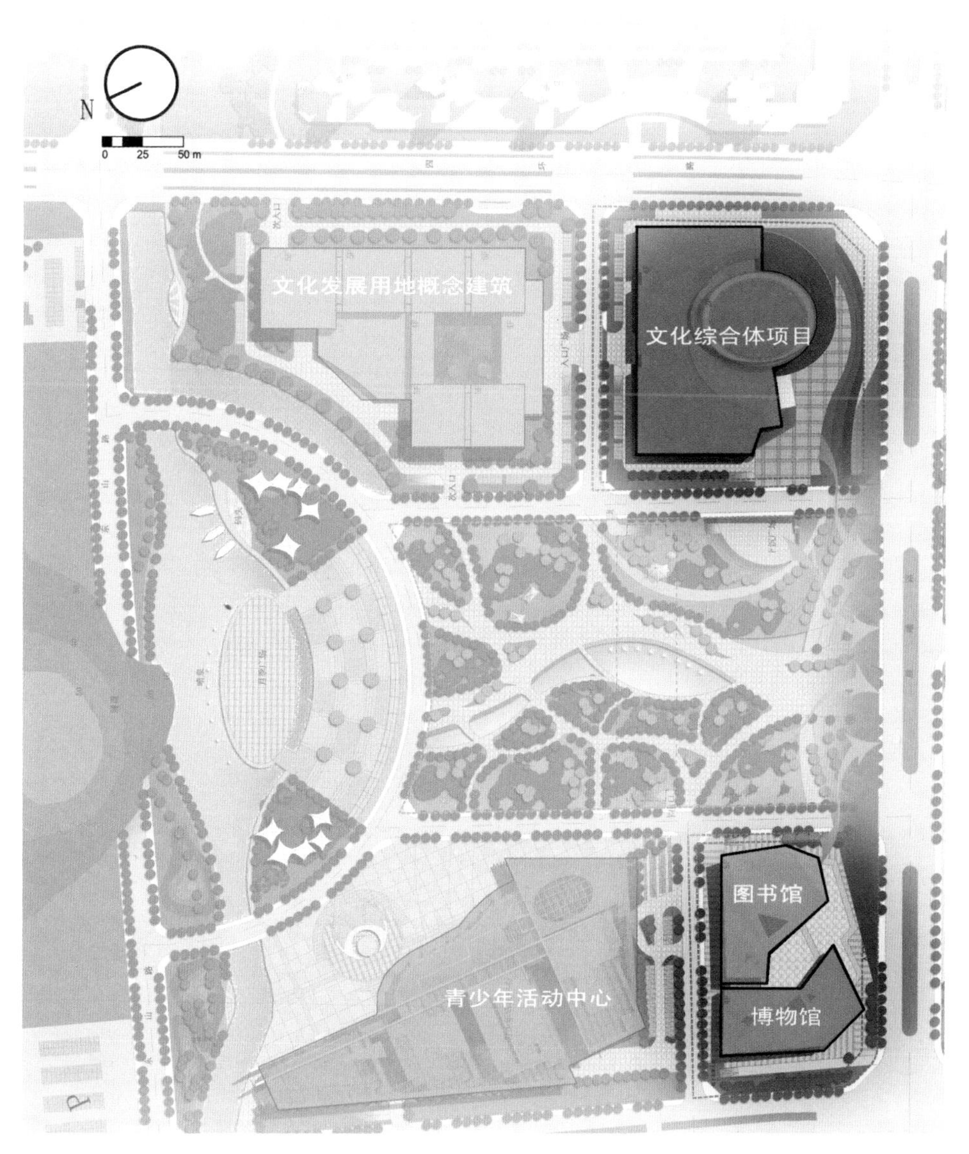

图3-15 乐清市图书馆迁扩建工程总平面图

图3-16　乐清市图书馆文化中心项目总体鸟瞰效果图

图3-17　乐清市图书馆文化中心项目总体鸟瞰实景照片

图3-18 乐清市图书馆迁扩建工程图书馆、博物馆鸟瞰实景照片

图3-19 乐清市图书馆迁扩建工程图书馆、博物馆实景照片1

图3-20　乐清市图书馆迁扩建工程图书馆、博物馆实景照片2

图3-21　乐清市图书馆文化综合体项目实景照片

图3-22　乐清市图书馆迁扩建工程图书馆、博物馆庭院实景照片

图3-23　图书馆、博物馆项目内部实景照片

图3-24　文化综合体内街透视实景照片

图3-25　文化综合体项目内部实景照片

2．构思立意——“形”与“势”体现地域特色

1）“形”取自山水形胜的美景

设计灵感来自“山水乐清”的地域特色，乐清山水形胜，拥有雁荡山、乐清湾、七里港等三大资源优势，奇峰怪石，飞瀑流泉，充满天然韵味。设计结合场地特征，以“动态”涧水与“静态”山岩为意向，力图创造一个体现乐清宜动宜静、兼容并蓄的城市标志性建筑综合体。

2）“势”取自团结进取的精神

由于乐清耕地稀少，对外交通不便，当地人历来有外出经商的传统，也造就了人们吃苦耐劳、团结进取、勇于开拓的精神。图书馆、博物馆和文化综合体在造型上以巨石的形状互相借势形成一个整体的叠石组合，隐喻了乐清人吃苦耐劳、团结进取的刚毅性格。以乐清人的团结进取精神为“势”，体现“人文乐清”精神。

3．总体风貌——与周边环境“和而不同”

在总体布局中，我们充分考虑地块内已建成的市民活动中心和南侧地块的市政府的形态和造型，在设计中尊重现有的建筑肌理，做到和而不同。根据中心区控规，我们将两个地块的建筑沿道路平行布置，入口广场设置均向晨曦路和文化公园敞开，通过文化公园将周边建筑有机地联系起来。

图书馆、博物馆和文化综合体各自为一座整体建筑，每座建筑做到功能分区明确，造型融为一体，两座建筑犹如两块叠石形成的山体，立于文化公园东、西两侧，并与北侧的东山相呼应，融于环境之中。

建筑风貌与周边环境的和谐一直是建筑设计的重要原则之一，即在保持自身特色的同时，在材料、色彩、造型等方面也力求与周边环境协调，使之达到和谐共生的目的。宏观上看，乐清市文化中心与其北侧的市民活动中心、南侧的市政府在建筑高度、色彩及造型上形成和谐的整体，作为整体中的一部分其体量适中，不会过于突出也独具特色，并与远处的山体呼应。

4．单项设计

1）乐清图书馆、博物馆——“文化之石”

图书馆和博物馆的设计贯彻人车分流、步行优先的原则，采取内外有别的手法，创造清晰畅通的外部交通体系，通过雁荡山“叠石”的艺术提炼，使建筑造型呈石块状，象征着中国文化中大气刚健的人文性格。

（1）建筑布局

在图书馆和博物馆的设计中不但要与周边建筑做到“和而不同”，更要处理好两馆之间的关系。

由于本项目用地面积仅为19565m²而要建设建筑面积3.3万m²，容积率接近1.7，这对博物馆、图书馆这类文化建筑来说已属高强度开发，而且这两者分属不同业主，平面上要求分开，形象上都要在城市主要道路上凸显其主立面，都不甘当配角。经过多方案比较，最后我们根据各自的使用功能布置成两个相向的“L”形建筑，博物馆外窗少，抗噪能力相对较强，设置在场地西侧，两条城市主干道边上，图书馆要求安静，则设置在地块东侧，两者之间留出中部及东南角，形成共享的广场。这样沿南侧及北侧的城市道路看，图书馆及博物馆的立面均凸显出来，并且在南侧道路上形成共用的主入口广场，具有较好的城市形象。

（2）外部流线

本案设计中贯彻“人车分流、步行优先”的原则，采取内外有别的手法，创造清晰、畅通的外部交通体系。内部设置中庭，依靠中庭来组织垂直交通，方便人流进行参观和借阅。

（3）立面肌理

主体造型及构思既定，立面肌理和材质变得十分重要，就如人的衣着，它是建筑气质的重要体现，也是整体形象和功能完善的重要手段。本项目在立面处理上采用以实为主、以虚为辅的方式，为了防海风侵袭立面设计以实为主，为了适应冬冷夏热地区的气候特征，采用大量外遮阳构件，实体部分设计了高低粗细不一的竖向百叶；门厅入口及阅览室由于采光功能需要，要采用隐框玻璃幕墙，实体百叶部分以水平线作分隔。刚劲挺拔的骨架象征着中国文化中大气刚健的人文性格，外带钛锌板金属百叶遮阳构架的玻璃幕墙则是柔化弹性的界面，像一缕薄雾，又似一层面纱，造型简洁明快，极富厚重感和雕塑感。

（4）景观设计

在景观设计中，我们遵循绿化中造建筑的原则，使建筑掩映于湖光山色之中，体现乐清山水特色。通过大体量的绿坡和内部庭院形式，将绿化引入建筑之中，从而使建筑掩映于绿色之中。

2）乐清文化综合体——“艺术之石”

乐清文化综合体由文化馆、1000座剧场、600座音乐厅、影城及附属设施组成，总建筑面积 51173m²，并以“艺术之石”为造型特征。整个文化综合体犹如一组水畔巨石，经过上千年的水流冲击，相互磨砺，形成了晶莹剔透的椭圆“玉石”，“玉石”以“山石”为背景，“山石”则以“玉石”为中心，既体现了“去粗取精、去伪存真”的文艺发展规律，又隐含着“高山流水觅知音”的文化内涵。

（1）建筑布局

设计采用四馆合一的总体布局，通过三馆围绕一个圆形剧院的布局方式，构建一个集剧院、音乐厅、影院、文化馆等多功能于一体的文化综合体。这样的布局不仅满足了各个功能区的需求，还能够通过合理的空间组织，使文化建筑的各个区块在独立运作的同时，实现高效融合。集聚式的空间组织形式使得各个区块具备独立运作的能力，同时又能协同合作。考虑到人流、物流和信息流的合理流动，在剧院与三个功能之间设置内街和过厅，确保各个功能区之间的互动和沟通。在这样的空间环境中，通过合理的空间组织和流线设计，实现了文化建筑各区块的可分可合，无论是观众、参与者还是工作人员，都能够享受到便捷、舒适的体验。

（2）造型肌理

造型的建构，肌理的表达是本项目设计的重点，通过对玻璃幕墙的研究对不同肌理的岩石进行模拟，提炼创造体现当地景观特色的造型意向。

大剧院立面材料采用多棱面打点玻璃幕墙，如薄纱一般笼罩住整个建筑，造型犹如徐徐拉开的风琴，在灯光的映照下，就像水中晶莹的玉石。其余部分采用白色彩釉玻璃遮阳百叶，大气而隽永，构成剧院的背景。两者交相辉映，造型简洁明快，极富厚重感和雕塑感。

屋盖采用后张法有粘结预应力混凝土梁板结构，局部采用钢结构体系，创造放射型和流线型的表皮体系。剧院观众厅在台口乐池上方设置跌落式反射板，为观众席前区提供渐次反射声。在观众席后部墙面增加凸弧形吸声扩散结构消除声聚焦现象。

5. 建筑技术——绿色适宜

在文化中心设计中，“绿色建筑”的概念贯穿整个建筑设计、结构设计、机电设计过程中。主要体现在节地、节水、节材、室内环境，以及在生命周期建筑的综合利用几个方面：大面积的土，充分运用了地下空间，达到节地的目的；虹吸技术的运用，可使雨水循环用来灌溉；建筑采用钢、玻璃、铝板等可回收材料，使资源循环使用；外表面减少玻璃的运用，可以减少能源的消耗；展馆内作为交通核心的中庭充分利用自然光，减少常见展馆对人工照明过度依赖而导致的能耗；整个设计长远地考虑场馆利用，布置一些商业设施，达到以馆养馆的目的。

6. 感受总结

本项目在总体设计上，充分尊重乐清市的城市地域特点及周边环境，形象上简洁大气，既有个性又不张扬，体现了文化建筑的特征。回顾整个设计过程，宏观构思、中观布局及细部设计三个层面相互交织、相互影响，并不能说哪个层面更重要，建筑是一个完整的整体，要全面体现建筑的地域特色，一个都不能少，这也是“适建筑”设计思想中整体与局部、系统与个体之间关系的体现。

图3-26　图书馆、博物馆细部照片

图3-27　文化综合体细部照片

四、杭州师范大学仓前校区二期C区医学院

项目信息

业 主 单 位： 杭州师范大学

设 计 单 位： 浙江省建筑设计研究院

主持建筑师： 许世文　曾庆路

设 计 团 队： 赵长青　张　瑾　杨　波　胡　璇　章　阳　林可瑶　陈　伟　马　健　袁　升　张陈胜　徐云飞　卢海峰　郜　骅

图 片 版 权： 浙江省建筑设计研究院

项 目 地 址： 杭州市余杭区仓前高教基地内C区块

建 筑 面 积： 223724m^2

设 计 周 期： 2015年10月—2016年5月

建 设 周 期： 2016年5月—2019年11月

项 目 类 型： 教育建筑

获 奖 情 况： 2021年度浙江省优秀勘察设计成果建筑工程设计类三等奖

1．项目概况

杭州师范大学仓前校区二期C区位于前文所述杭州大学城东北部，属于二期工程，规划范围东至规划常二路（现聚橙路），南至余杭塘河及与沿海曙路城市综合体相邻，西与一期工程及城市综合体隔护校河相望，北至宣杭铁路南侧防护绿带界线。项目用地面积为318407m²，总建筑面积223724m²，地上建筑面积172861m²，地下建筑面积50863m²（图3-28～图3-35）。

图3-28　杭州师范大学仓前校区二期C区总平面图

图3-29　杭州师范大学仓前校区二期C区鸟瞰实景照片1

图3-30　杭州师范大学仓前校区二期C区鸟瞰实景照片2

图3-31　杭州师范大学仓前校区教学楼实景照片1

图3-34　杭州师范大学仓前校区教学楼实景照片4

图3-32　杭州师范大学仓前校区教学楼实景照片2

图3-33　杭州师范大学仓前校区教学楼实景照片3

图3-35　杭州师范大学仓前校区宿舍楼实景照片

2. 总体布局——继往开来，生命聚落

杭州师范大学仓前校区的规划秉承了杭州大学城城市设计中的规划结构和总体布局，实现了“一带一环”的规划结构的延续。公共教学办公区设于校区中央南北两侧，而生活居住区则分布在各学部外侧，这一布局亦得以保留。

在这样的框架下，二期C区医学院设计中，设计团队试图进一步探寻可以最好地表达出“医药与生命科学”特色的概念。“细胞”作为生命的一个基本的结构和功能单位，成为建筑方案设计时的切入方向，通过对“细胞”形态、结构、生长、繁殖、遗传、变异、相聚、相离等规律性的提炼，将其作为建筑语言应用到建筑群体的布局与组织中，不同体量的功能院落体块，依循各自功能分区和相互不同的关联度，因地就势、起承转合，形成既延续拓展了“湿地书院”的主文脉，又独具“医药与生命科学学部”特色的建筑形态——“生命聚落”。

整体功能分区自西向东依次为教学实验培训区、生活后勤区、体育运动区。教学实验培训区北侧自西向东依次布置：公共实验教学楼、医学部综合教学楼、医学基础实验教学楼、生命与环境科学学院实验教学楼（含动物实验中心）、公共教学楼；生活后勤区北侧自西向东依次为食堂、本科生及研究生公寓，南侧临余杭塘河为发展用地；体育运动区自西向东依次为足球训练场、篮、排球场；教学实验培训区与生活后勤区以中央环路自然分界，分区明确，联系便捷，又互不干扰；教学实验培训区、生活后勤区的建筑布局顺势围合，在主干道的串联下，形成了一组变化丰富的空间序列。

3. 建筑设计——湿地水乡，叠石为山

建筑设计承袭城市设计中“湿地水乡”的理念，充分利用基地内丰富的湿地资源，保护和利用现有自然地形和水系，以形成优美生动的校园生态景观系统，最小化建筑对环境的干扰。

在建筑造型上，设计方案以“叠石为山”为灵感，立面采用横向挑板，强调建筑横向线条的大气舒展，顶部运用退台、绿坡等手法，形成山形意向。绿色网膜体系如彩云缥缈，与水网、河道、树木共同描绘出“山、水、云、林”的美景，与一期“水院”主题相呼应。

设计中引入绿色“空间遮阳”系统，以“荷叶”为造型意向，贯穿整个教学区，连接灵活分布的教学楼，同时增加学部内部中心区的围合感。攀爬植物依附在骨架体系上，形成立体绿化遮阳，既美化建筑外观，又降低内部温度，为师生提供舒适的学习环境。

本项目的设计在“适建筑”主张创新与传承融合的理念指导下，巧妙运用自然元素，融合山水云林美景与现代化建筑，呈现独特的地域人文气息，整个设计既与一期工程“水院”主题相得益彰，又使建筑充满生机与活力。

4．技术创新——浙江首例装配式宿舍

学生宿舍楼工程采用装配式建筑施工方式，预制构件应用于五栋宿舍地上建筑的外墙、楼板、阳台及楼梯，预制率在22%左右，这也是浙江省首个采用装配式施工的学生宿舍楼工程。项目使用了叠合楼板、预制夹心保温外墙板、预制阳台及预制楼梯四类预制构件，实现了现浇与预制相结合的施工方式，这种方式保证了构件的高质量，减少了抹灰用量，缩短了工期，并采用三维可视化技术提高了施工效率。学生宿舍楼体现了“适宜技术”的特征，提高了施工效率，降低了建造成本。

5．感受总结

本项目是从城市设计到建筑方案，再到建设实施的一次全过程的宝贵实践。城市设计是实现规划对象整体品质提升的最佳途径，而建筑设计则在一定程度上延续了城市设计思想。在关注个体建筑所需的功能布局和风格造型等要素之外，建筑设计更需要从城市视角出发，思考传统建筑问题，并提出符合城市品质提升逻辑的设计方案，从而具备更高的说服力和创造力。建筑设计是创新思维的体现，展现了建筑师对空间、功能和美学的理解，从建筑设计到实施的过程，需经历一系列技术转化和调整，这正是“适建筑”观所倡导的：从更大尺度和更深层次的角度，基于多学科交叉的模式，以更广的视野和更深入的思维去审视和解决建筑设计问题。

五、上虞体育中心

项目信息

业主单位： 绍兴市上虞高铁新城建设投资有限公司

设计单位： 浙江省建筑设计研究院

主持建筑师： 许世文　裘云丹　郑叶路

设计团队： 焦　俭　周特峰　俞乐伟　何　曦　叶悦齐　钟亚军　彭国之　胡世强　王念恩　吴　拓　王　润　张　力　楼　平　朱　樱　王　涛

图片版权： 浙江省建筑设计研究院

项目地址： 绍兴市上虞区

建筑面积： 141470m²

设计周期： 2013—2018年

建设周期： 2014—2019年

项目类型： 体育中心

获奖情况： 2021年浙江省勘察设计行业优秀设计建筑工程类一等奖

1．项目概况

上虞高铁新城体育会展区，东临康亭路，南至滨江河，西靠曙兴路，北邻称山北路，总用地面积21hm²，北面是杭甬客运专线，南面是曹娥江，观山路穿过场地，将场地分成两块。整个项目主要由体育中心建筑群、会展中心组成，其中体育中心包括21000座的体育场、5000座的体育馆、1500座的游泳馆（池）及配套室外活动场地（图3-36～图3-42）。

2．立意构思——曹娥“潮涌”

曹娥江是上虞的母亲河和城市发展主轴，杭州湾绍嘉跨江大桥则为上虞带来新的发展机遇，体育会展区作为高铁新城开发的“引擎”，承载着推动上虞发展的历史使命。我们的设计理念以“潮起杭州湾”为隐喻，从宏观角度出发，展现从“曹娥江”奔向“杭州湾”的涌动浪潮，形成由北向南的潮水涌动意象，浪潮从北侧涌入体育会展区，逐渐向南汇入体育场及整个区域，场馆如河水冲刷过的礁石，表面浮现晶莹剔透的水珠。

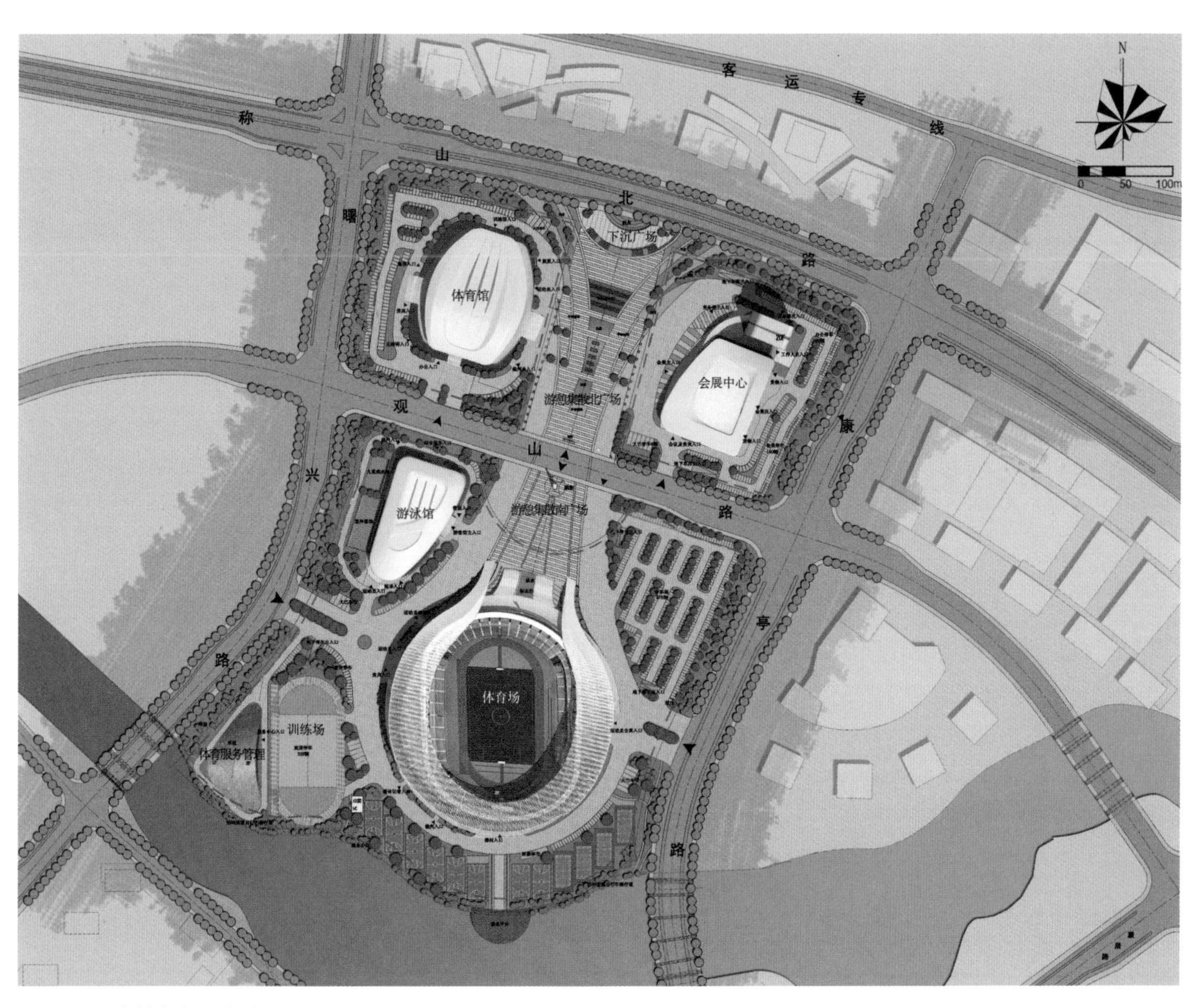

图3-36　上虞体育中心总平面图

图3-37　上虞体育中心鸟瞰实景照片

图3-38　上虞体育中心体育场鸟瞰实景照片

图3-39　上虞体育中心体育馆实景照片1

图3-42　上虞体育中心体育场场内实景照片

3-40　上虞体育中心体育馆细部照片

图3-41　上虞体育中心体育馆实景照片2

3. 总体布局——疏密有致，均衡分布

1）“一轴一带六区块”

“一轴一带六区块”是体育会展区的规划结构：一轴是连接北侧体育馆和会展中心至南侧体育场的集散广场的轴线；一带是利用滨江河景观的滨河景观带，包括景观步行道和户外运动场地；六区块包括体育馆、会展中心、体育场、游泳馆、停车场和室外训练场地。

2）布局形态与周边道路呼应

由于地块边界不规则，总平面设计布局合理，均衡活泼，力求与道路相呼应：体育馆、游泳馆和会展中心面向观山路，体育场主入口面向集散广场，设计留出大片室外休憩集散广场，塑造文化景观，营造全民健身氛围。

3）功能分区合理

方案将体育中心建筑群布置于西南侧，会展区置于东北侧，体育馆和游泳馆分布在观山路两侧，既独立又相互联系；会展中心和体育馆之间的集散广场可共享；室外活动场地布置在体育场南侧，方便对外开放。

4）出入口设置均衡

主入口面向观山路布置，北侧地块体育馆和会展中心共享集散广场和车行入口，南侧地块游泳馆和体育场共用人行入口和车行入口，停车场单独设对外出入口，称山北路为城市快速路，仅设两个应急通道。

4. 建筑形态——整体有序，紧扣主题

1）主从分明、整体有序的建筑体量

各建筑单体从整体规划均衡性出发，同时积极响应主题特征，会展中心与体育馆面向广场均设计成弧形面，而游泳馆在观山路南侧与体育馆相对应，两馆面向观山路均采用直线形，并且檐口适当向观山路倾斜，增加了建筑形体上呼应的同时，又使两馆在观山路西端形成了体育会展区的“门户形象”。由于体育场形体较大，又是景观轴线上的主体建筑，因此，在东、南、西三侧均无大体量建筑，使其具有更加完整的展示面。

2）立面形式紧扣主题

各单体建筑呈现流线型外观，通过弧形线条的分割，使建筑立面凹凸有致，体现“涌潮”意向；体育馆、游泳馆、会展中心均开设弧形凹口作为建筑主入口，统一中求变化；体育场外立面设置了弧形线条，以打破大面积的单调立面并开设了菱形窗口，疏密有致，给建筑增添了灵气，也象征潮水冲刷留下的水珠和纹理。

5．建筑技术——适宜应用

本项目在建筑设计上注重创新与环保：场馆建筑外墙面主要采用GFRC板，这种材料不仅轻便、强度高，还具备防水、防污、防火、抗蚀等多重优势；外窗广泛采用节能装饰型玻璃，特别是Low-E低辐射镀膜玻璃的应用，显著提升了建筑的节能效果；建筑屋面则选用性价比高的铝镁锰板，以适应海洋性气候的需求；体育馆、游泳馆及会展中心的屋面上布置了光伏发电的薄膜，充分利用太阳能资源，既环保又经济；应用光导照明系统，使得建筑在白天可以完全利用自然光照明，实现了真正的节能环保。整体而言，本项目在材料选择和技术应用上充分体现了绿色建筑的理念，既提升了建筑的美观性，又实现了可持续发展的目标。

6．感受总结

上虞体育中心设计立意构思从上虞发展连接杭州湾的新高度，建筑布局紧扣“潮起杭州湾”的理念，建筑形态与曹娥江及周边规划相契合，设计旨在成为曹娥江边的地标性建筑，现今，项目已经建成并投入使用，成为上虞体育事业蓬勃发展的一个靓丽缩影，临江天际线的重要一笔。本项目大量采用环保耐用的材料，应用绿色节能技术，为可持续发展作出了贡献，回顾这一切，上虞体育中心项目规划设计是“适建筑”观在体育场馆类建筑中的又一个实践应用案例。

六、杭州市瓶窑中学扩建项目

项目信息

业主单位： 杭州市瓶窑中学

设计单位： 浙江省建筑设计研究院

主持建筑师： 许世文　裘云丹

设计团队： 俞乐伟　周特峰　何　曦　姜　峰　王海波　王念恩　吴　拓　张　力　蔡晓峰　章智博　胡世强　王　润　王　涛

图片版权： 浙江省建筑设计研究院

项目地址： 杭州市余杭区

建筑面积： 69970m^2

设计周期： 2015年4月—2016年9月

建设周期： 2016年9月—2019年6月

项目类型： 文教建筑

获奖情况： 2021年浙江省勘察设计行业优秀设计建筑工程类三等奖

1．项目概况

杭州市瓶窑中学扩建项目位于杭州市余杭区瓶窑镇104国道北侧，基地北侧为老校区，西南侧为南山摩崖石刻文物古迹。项目总用地面积65117m^2，学校设计规模为48班，约2400名学生，建筑面积约7万m^2，其中地上4.8万m^2，地下2.2万m^2。本项目设计的愿景：在充分考虑现有自然与人文环境，传承办学历史，体现办学特色的基础上，提升现有办学条件和办学水平，建设成为高质量、人本化、有特色的品牌学校（图3-43～图3-49）。

2．设计策略——巧借环境，顺势而为

1）整体布局“西静东动”

项目用地环境优美，西临防护绿地、湿地水域和文物古迹，北靠十里渠，南邻规划道路和居住区，靠近主城区。建筑群依山傍水，分为“教学综合区”和“体育活动区”两大区块：教学区环境静谧优美，体育区便于对外开放，两区明确分区，动静适宜，联系便捷，互不干扰。

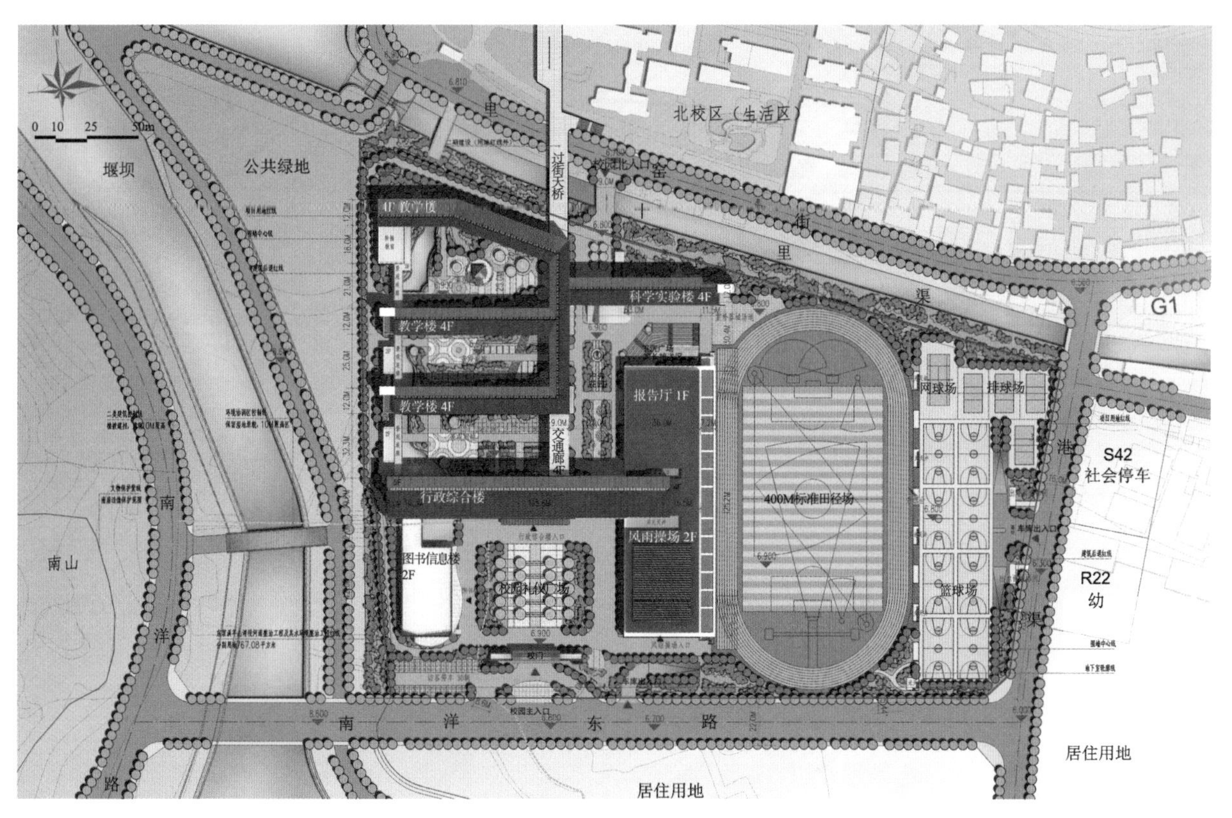

图3-43　杭州市瓶窑中学扩建项目总平面图

图3-44　杭州市瓶窑中学扩建项目鸟瞰实景照片

图3-45　杭州市瓶窑中学扩建项目沿河入口鸟瞰实景照片

图3-48　杭州市瓶窑中学扩建项目庭院实景照片

图3-46　杭州市瓶窑中学扩建项目局部实景照片

图3-47　杭州市瓶窑中学扩建项目教学楼庭院实景照片

图3-49　杭州市瓶窑中学扩建项目广场实景照片

2）依山借景

校园采用园林式空间景观形态，重点在于巧借园外山水景色，保留、引入、组织并运用原有水系，精心营造广场和庭院景观；教学楼之间的中庭向西敞开，透过连廊可看到西侧远处的南山；教学楼朝向和开窗也考虑了借山水之景，西侧山墙采用落地窗，走廊尽头可全景观赏南山和湿地景色，连廊向西侧凸出，设有观景平台，以最大化观赏美景。

3）与北校区相呼应

南校区规划设计从南北校区整体出发，考虑南北校区联系便捷，有利于学校的长久发展。新建南校区主要为教学、运动区，学校生活、住宿功能在北侧老校区内；由于南北校区被公共河道和城市道路（里窑街）分隔，因此，规划设计中在新校区和原有北校区之间布置一座天桥紧密连接南北校区，方便学生日常从南校区到北校区就餐和住宿，消除了直接穿越里窑街的安全隐患。

3．交通组织——合理便捷

1）内外分流，人车分流

校园规划将师生、家长及社会人士的机动车及人行流线进行分区分流：教工车辆自南侧南洋东路的车行入口进入地下车库；接送学生的家长的车辆自港渠路进入地下车库，至中央庭院的下沉广场接送；社会车辆自港渠路进入地下车库，可在规定的开放时间利用学校运动设施；车辆均停至地下车库或门口的临时停车位，车辆不进入校内庭院空间，做到人车分流。

2）各功能区联系便捷

校内有两个层级的交通流线：一个是建筑内部交通流线，另一个是地面交通流线。校内教学楼、实验楼、行政楼、图书馆、报告厅等所有建筑均通过交通连廊相连；建筑一层架空，室外庭院也相互连通；地面与地下通过下沉广场连接。

4．空间营造——宜人的庭院

1）开合有度的新中式庭院景观

园林式空间景观展现校园各部分呼应：西侧教学区有五处室外空间，核心是入口广场，用对称树阵和校训石展示严谨教学氛围；穿过教学楼底层，进入新中式庭院空间，供师生课间活动交流；借鉴传统造园手法，组织“院、庭、廊、台”，实现园院相融，营造学习、生活兼备的园林式环境；中央庭院连接各建筑公共空间、院落、下沉广场和礼仪广场，与入口广场、主题庭院共同构成新中式院落空间。

2）引水入园

项目设计结合架空层、景观平台和连廊，对原有水系进行保留、引入再组织，在校园西侧形成了婉转流长、有开有合的景观水系，呼应了瓶窑镇的"苕溪文化"；院落将各个建筑单体有机组织起来，通过赋予庭院不同的文化主题加以区分，结合形态各异的水系串联、渗透，形成宜人的尺度和富有层次的空间形态。

5．建筑风格——江南传统书院

新校区的建筑设计采用了江南传统书院建筑粉墙黛瓦的风格，与新校园园林式的布局相融合；运用了不同元素的组合——纯净素雅的外墙、硬朗简约的内坡顶，凸显出校园建筑的安静平和，彰显严谨治学、谦逊为人、团结向上的瓶中精神，适于营造出安静治学的校园氛围。

6．感受总结

在杭州市瓶窑中学扩建项目中，项目设计团队深入理解并娴熟运用了"适建筑"理论：全面考虑了自然与人文环境，巧妙地将园外山水景观融入其中，使入园的水源激活庭院空间，呼应了苕溪文化，注入了丰富的文化内涵；规划设计充分考虑了师生、家长及社会人士的分区分流以及各功能空间的连贯性；庭院空间设计开合有度，优美宜人，建筑风格充满江南书院的意蕴。至今，校园已经建成并投入使用，各方评价良好，回顾这些"适建筑"理念指引下的设计实践项目，一方面对项目的最后效果得到各方认同感到欣慰，另一方面这些实践项目的建成也为"适建筑"理念的发展积累了丰富的经验。

七、杭州运河大剧院

项目信息

业 主 单 位： 杭州市拱墅区城中村改造工程指挥部
设 计 单 位： 浙江省建筑设计研究院
主持建筑师： 许世文　姚之瑜　杨新辉
建筑设计团队： 杨新辉　朱余博　张健君　陈天驰　姚开明　戎琦吉
结构设计团队： 杨学林　冯永伟　王　震　张陈胜
机电设计团队： 裘俊琪　汪新宇　马慧俊　杨　婷　俞　彬　赵宇飞
幕墙设计团队： 梁方岭　林　娜　江桂龙　郭　琳
室内设计团队： 杨海英　郑继尧　胡　溟　董　平　罗　云　刘　芬
景观设计团队： 陈　静　应科吉　李　莉　周星显
图 片 版 权： 浙江省建筑设计研究院
项 目 地 址： 浙江省杭州市
建 筑 面 积： 69871m^2
设 计 周 期： 2017年9月—2018 年1月
建 设 周 期： 2018年1月—2021年5月
项 目 类 型： 剧院
获 奖 情 况： 2022年浙江省勘察设计行业优秀设计建筑工程类一等奖

1．项目概况

本项目位于杭州市拱墅区，沿桥弄街与古老的拱宸桥东西相望，包含杭州运河大剧院及配套公园绿地，项目占地94697m^2，总建筑面积69871m^2，地上建筑面积19749m^2，地下室建筑面积50122m^2。地上建筑主体功能为1200座通用剧院和300座多功能小剧院，地下为停车库及配套文化商业服务用房（图3-50～图3-57）。

2．设计策略——城市之欣，水岸之韵

杭州运河大剧院位于运河中央公园西南角，景观资源丰富，周边有台湾美食街、高层居住区、拱墅图书馆和体育中心，建筑方案以外部环境为基础，注重激活红线内外城市片区的整体活力。

方案强调大剧院与公园的有机融合，使建筑成为公园的一部分：引导步行流线，通过连接周边公共活动节点，既方便城市居民与游客在城市中移动，又促进了城市社区互动；充分利用室内外空间，引入文化、体育、艺术等活动，激发场所活力，使大剧院成为多功能文化场所，为社区居民和城市游客提供丰富的体验。剧场建筑具有严苛的功能空间要求，其高大体量一般会与周边环境相悖，但本方案设计时强调在满足功能需求后把建筑形态

图3-50　杭州运河大剧院总平面图

图3-51　杭州运河大剧院鸟瞰实景照片

大剧院

图3-52　杭州运河大剧院实景照片

图3-53　杭州运河大剧院局部及外表皮照片

设计成与环境协调的自由形态：将高耸的舞台空间与观众厅、内场、排演厅等功能空间集中布置于建筑中央，以保证空间高度；建筑门厅、中庭、餐饮区、接待区等较为灵活的功能空间沿外围草坡下方设置，以获得更开阔的景观视野；利用连续的层高变化创造丰富流动的空间效果。

3．构思立意——流动之美，自然生长

本项目设计构思期望大剧院建成后成为一座宛若流水、独具江南韵味的地景建筑，其傲然立于大运河拱宸桥畔，并与周围的公园和运河景观融为一体。这样的设计构思巧妙地捕捉到水的流动之美，以独特的建筑形态展现出对大运河的敬意和热爱。

现今大剧院已经建成投入使用，其外观效果正如同设计时希望的那样犹如大运河的涓涓细流，从地面缓缓升起，宛如自然生长的造物，使建筑在视觉上仿佛融入了大自然的律动，自然生长的形态让建筑不再是一座硬邦邦的构筑物，而是一种有机的存在，与周围的环境相辅相成，呈现出一种融洽的景观氛围。建筑外立面选用烤瓷铝板、玻璃、UHPC等材料，以纯白和暖灰色为主，营造出亲切柔美的建筑形象，室内设计以“线性的流动、拱形的韵律、鳞状的波纹、宜人的尺度”，回应了大运河拱宸桥段“水、桥、鱼、人”的独特人文景致。

4．空间营造——多元文化场所的打造

“适建筑”观鼓励建筑在满足功能需求的同时，创造多元化的空间体验。本项目设计方案希望文化艺术的分享不仅仅局限于剧院内部，在这里，公园草坪、下沉广场、屋顶草坡将文化艺术从室内向更广阔的室外空间延伸成为可能，空间的交互、渗透、共生，使运河中央公园成为一个独具魅力的文化休闲综合体。

公园面积11万余平方米，多层次的慢行系统，将歌剧院、黑盒剧场、工会活动室、展厅、艺术培训、艺术品商店、餐厅等为市民提供服务的各种空间串联起来，以文化和艺术提升生活品质，大草坪提供了多元活动的场所，包括音乐和表演、放风筝、户外写生、露营等户外活动，回应文化建设的普惠性、参与性、开放性，将城市设计、公共空间、内外功能协同综合考虑，构成一个多元共享的文化公园综合体。

5．建筑技术——参数化设计与BIM的适宜运用

项目利用参数化手段和BIM技术进行非线性设计与优化：参数化设计为多变空间定位提供支持，优化幕墙规格，降低成本与施工难度；BIM技术实现复杂空间协同设计，有效利用消极空间；三维建模展现独特螺旋上升形态和复杂空间结构；幕墙设计利用Unroll组件和二次设计，呈现精致灵动外观，超越传统建筑界限；泰森多边形图案生成与优化实现开孔率渐变控制，以波浪形上升中轴线为调整空洞大小的依据，营造层次丰富的空间体验；采用烤瓷铝板和BIM模型编号，以参数精确控制支持后续施工，圆钢管铰接组装、泡沫胶条和耐候密封胶处理采用双红外定位和激光仪校验，确保施工质量和高精度要求，展示设计与施工的无缝衔接。[1]

[1] 陈天驰．基于泰森多边形的建筑表皮优化设计：以杭州运河大剧院为例［J］．浙江建筑，2022（4）．

6．感受总结

杭州运河大剧院是“适建筑”观在设计施工一体化方面的一次重要实践。建筑造型流动、生长，回应城市与运河环境，展现和谐共生，成为城市地标和运河文化载体；多元文化场所的打造融合艺术与社区；参数化设计和BIM技术的运用体现现代科技对建筑的深远影响。杭州运河大剧院的完美落成是文化、艺术、科技融合的典范，为城市注入新的文化活力，是彰显“适建筑”观内涵的经典之作。

图3-54　杭州运河大剧院局部实景照片

图3-55　杭州运河大剧院内部实景照片1

图3-56　杭州运河大剧院内部实景照片2

图3-57　杭州运河大剧院内部实景照片3

八、安吉两山讲习所

项目信息

业 主 单 位：安吉两山创旅实业投资有限公司
设 计 单 位：浙江省建筑设计研究院
主持建筑师：许世文　朱周胤
设 计 团 队：刘建飞　周永明　朱鸿寅　徐伟斌　张智运　吕　昊
高　超　黄宇劼　王凌燕　吴　边　俞科迈　刘可以
图 片 版 权：浙江省建筑设计研究院、侯博文
项 目 地 址：湖州市安吉县余村
建 筑 面 积：21001m^2
设 计 周 期：2018年6月—2018年11月
建 设 周 期：2018年8月—2020年4月
项 目 类 型：党校建筑
获 奖 情 况：2021年浙江省勘察设计行业优秀设计建筑工程类一等奖

1. 项目概况

项目位于安吉县天荒坪镇余村西侧，东、西、北三面群山环绕，南侧为余村村道。项目用地面积46098m^2，总建筑面积21001m^2，其中地上建筑面积17861m^2，地下建筑面积3140m^2。基地为山地地形，坡度较为平缓，南低北高，东低西高。河塘、溪涧、山林、鸟鸣生动地呈现着丰富的场地特质（图3-58～图3-62）。

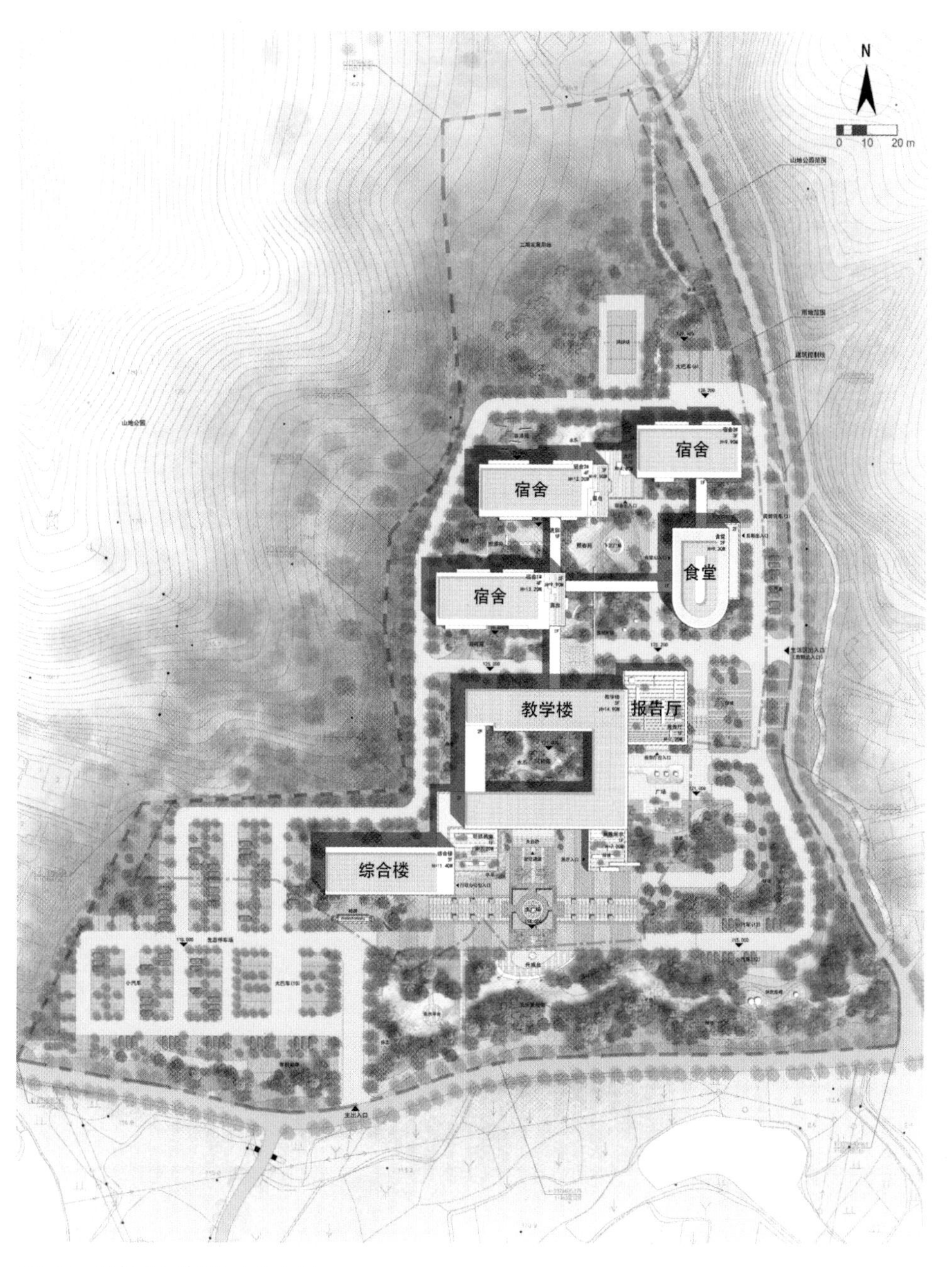

图3-58 安吉两山讲习所总平面图

图3-59　安吉两山讲习所鸟瞰实景照片

图3-60　安吉两山讲习所实景照片1

图3-61　安吉两山讲习所实景照片2

2. 指导思想——两山理论设计实践

1）两山理论的背景

项目特殊之处在于其背后有“两山理论”的背景。2015年8月15日，“两山理论”首次在此地被提出。“绿水青山就是金山银山”是社会主义生态文明观的一种形象化表达，也是我国生态文明建设的根本理念，强调人与自然和谐共生。本项目设计中始终贯穿了这一理念，使建筑不仅是功能性的空间，更是对当地文化的传承和弘扬。

2）建筑设计的独特性

传统的党校建筑形成了一种约定俗成的范式，即以中轴对称的总平面布置、竖向划分的立面、大屋顶设计，构成庄重的形象，而安吉两山讲习所在设计中没有按传统方法，而是根据地形自由布局，体现了方案的独特性：从总平面布置到立面、屋顶设计都凸显了灵活多变、自然和谐的特征，这是对两山文化的理解和传承，使得建筑独具特色。

3）生态文明理念的展示

通过建筑本身的设计和运营，生动地展示了两山理论的实际成果，强调了生态文明的重要性。项目投入使用后成为宣传“两山”理论的重要基地，展示了人与自然和谐共生、生态文明高度发达的重要窗口。

3. 设计理念——巧妙适应自然环境

1）依山就势，轻度介入

建筑不是强行改造环境，而是巧妙地融入周围山水之中，通过最低程度的地形改造，创造一种与自然相互融合的状态。本项目设计理念以适应外部环境为核心，强调依山就势，轻度介入自然。

2）架空建筑，还原底层给自然

方案设计通过一层架空，将底层空间让渡给自然，这不仅最大程度地减小了对场地的干预，同时创造了一个开放的公共空间，可用于景观绿化或公共休闲，与周边自然形成良性互动。

3）退台设计，灵活的园林院落

针对原有山地高差，设计方案通过退台，将场地处理成不同标高的台地，这不仅在形式上与周边地形相呼应，也为项目创造了灵活多样的园林院落，使整体空间更富有层次感。

4. 总体布局与功能设计

1）全天候的建筑群组

根据北高南低的场地特征，项目将教学和办公功能布置于场地南侧，生

图3-62　安吉两山讲习所实景照片3

活和服务功能布置于北侧，通过连廊相连形成全天候的建筑群组，这种布局不仅考虑了地形，也确保了建筑在不同功能间的有机连接。

2）平面功能

本项目由五座单体建筑组成，通过精心设计，综合利用场地特征，使得这些功能空间相互协调，形成有机的整体。西南侧为综合楼，主要为办公用房，主楼为教学楼，设有不同规格和类型的教室，并设有450人的半地下报告厅；北侧两栋宿舍楼共有124间客房；东侧为可容纳500人就餐的食堂。

3）交通组织

主入口设置于场地南侧，次入口开设于东北侧支路上，场地内机动车道环通，并在教学楼地下设有机动车库，这样的规划既考虑了建筑的实际使用需求，也保证了交通的顺畅。

5．感受总结

安吉两山讲习所项目在适应自然环境和传承两山理论方面取得了成功：通过依山就势、轻度介入的设计理念，使得建筑与环境相融合；本项目建成的不仅仅是一座建筑，更是对两山理论实际成果的展示，体现了对两山理论的尊重和传承，其成功经验为今后类似项目提供了有益的参考，为生态文明建设和传统文化的融合发展提供一个典型案例，也是“适建筑”设计思想在类似项目设计中的一个成功案例。

九、临平体育中心

项目信息

业　　主： 杭州余杭城市建设集团有限公司

建设地点： 浙江省杭州市

建筑设计： 浙江省建筑设计研究院

项目负责人： 许世文　裘云丹

设计团队： 李　迅　程　烨　王晨曦　姚　治　徐俊健　周红梅　谢忠良　丁　浩　张和平　陈夏挺　曾　松　周俊凯　陈许宁　王　刚　杨海英　楼　晓　方　玲　许晓东　王中毅等

总建筑面积： 94934.05m^2

设计时间： 2019年

建成时间： 2021年

项目类型： 体育公园

获奖情况： 2022年浙江省勘察设计行业优秀设计建筑工程类二等奖

1．项目概况

临平体育中心位于杭州市临平区临平镇，占地135亩，由体育馆、游泳馆和体育场组成。体育馆建于1997年，曾举办过全国排球联赛和国际女篮邀请赛；游泳馆建于2006年，内设50m、10泳道比赛池；体育场建于2013年，属丁级体育场（图3-63～图3-68）。

2015年，杭州市获得2022年亚运会主办权。2017年，临平体育中心体育馆和体育场被列为杭州市属第一批亚运会比赛场馆，将承办足球、排球、空手道及亚残会坐式排球比赛。由于原有场馆不符合亚运赛事需求，需要进行整体提升改造。[1]

[1] 李迅，程烨，王晨曦，等．临平体育中心［J］．城市环境设计，2022（3）．

本项目是“适建筑”理论在体育场馆改造设计中的应用案例，通过研究项目场地、文化和技术背景，探索在有限空间中实现功能布置和流线组织的最佳结合，以及建筑形态与地理文化和结构造型的有机融合。

2．设计策略——丝路文化与新老结构的创新

“适建筑”理论强调在创新的同时，保持建筑与环境的和谐融合。我们根据场馆现状和总平面形态特征，将“丝路”作为设计主题，结合余杭纺织业的历史和“丝绸之府”的美誉等文化因素，以新建的综合训练馆为起点，通过二层交互式平台串联起游泳馆、体育场及体育馆三大主体建筑，展现杭

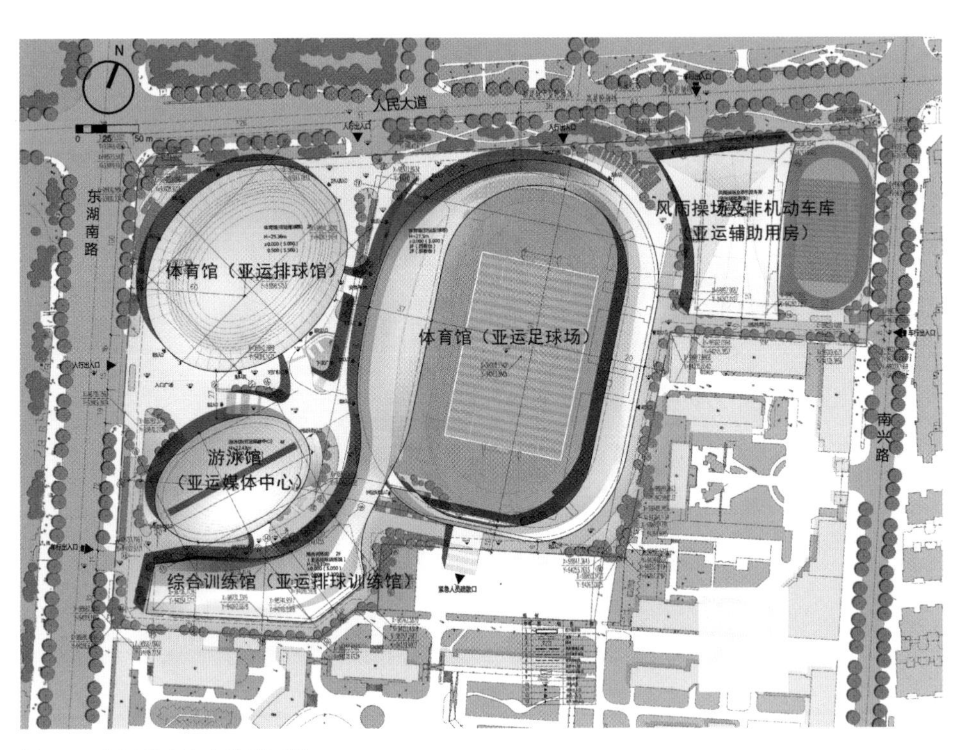

图3-63　临平体育中心总平面图

图3-64 临平体育中心鸟瞰实景照片

图3-65　临平体育中心体育馆实景照片1

图3-66　临平体育中心体育馆实景照片2

图3-67　临平体育中心体育场场内实景照片

图3-68 临平体育中心局部实景照片

州的江南柔美之韵。建筑色彩以现代简约的白色为主，与城市风貌相协调，创造出张力十足的建筑形象。

在既有建筑改造和扩建中，确保新旧结构共生和原有结构安全至关重要。以体育馆改造为例，设计保留看台，拆除外立面，采用椭圆形柱列设计策略，与体育馆形成“和而不同”的有机整体。柱列形态与保留建筑协调一致，强调新建和改建部分的现代性，同时保留原有建筑特色。柱列支撑扩建后新体量的屋顶结构，确保原有结构安全，为体育馆立面增添仪式感，使其更具特色。[1]

[1] 许世文，裘云丹，李迅，等. 时空条件限制下的“丝路”营造：杭州市余杭区亚运场馆改扩建工程EPC项目侧记[J]. 建筑技艺，2021（5）.

3．场地布局与流线组织——空间利用高效、有序

在有限的场地空间内，按照“适建筑”的设计原则，对场馆进行合理布局和流线组织的优化，提高了场地的利用效率，使得体育场馆在功能和空间上更加科学有序。

1）场地布置问题

体育中心场地问题是设计面临的首要任务：采用适度改造手段，以最小代价优化场馆布置和流线组织，解决原有布局混乱、空间局促、集散场地不足和流线不清晰等问题。

2）开放场所与交互空间

针对场地特点，提出“开放的场所”概念：通过退让主入口空间、整合三个场馆形态，打造有序城市空间；引入“交互的空间”概念，通过二层交

互平台和垂直交通组织流线，实现竞技与观众流线的多层次并联，提高流线效率。

3）赛后利用与多功能性

致力于探索场地不仅适应赛事需求，还能满足全民健身功能：按照杭州亚运会理念，打造多功能体育综合体；采用可变流线和功能设计，满足赛时和赛后不同需求，确保场馆具有持续利用价值。

4）流线优化与效率提升

在有限空间内，通过合理布局和流线优化，提高场地利用效率，使体育场馆更加科学有序。

4．建筑技术——BIM助力设计精准高效

因涉及较多建筑造型空间曲面，采用BIM进行正向参数化设计，以确保设计精确度：赋予体育场馆方案的空间控制点函数关系，结合平面设计图纸，使用参数化方法在三维空间中进行精确调整，实现了建筑立面的高度精准的参数化设计，这一方法既确保了设计的准确性，又协调了各专业施工图设计和实际施工需求；BIM方案作为各专业的基础模型，为深化设计提供了坚实基础，并在优化设计和协调工作中发挥关键作用；通过BIM参数化设计，成功优化了复杂立面异形金属幕墙，准确确定每块板的形状、位置和规格，缩短了设计周期，为后续幕墙的深化设计和生产加工安装提供了准确模型基础；参数化建模解决了异形屋面排水问题，实现了建筑复杂形体的设计目标，满足了建筑功能要求；结构模型能迅速响应建筑和结构专业的修改需求，提高了工作效率，实现了结构的最优化设计。成熟的参数化设计为复杂非线性建筑项目提供了有力技术支持，降低了成本和工程实施难度。综合的BIM参数化设计方法为项目成功实施提供了可靠技术支持。[1]

5．感受总结

临平体育中心的场馆改造项目中，“适建筑”理论的灵活运用不仅解决了实际工程中的技术难题，更在建筑中融入了丰富的文化内涵：通过对场地布局、流线组织以及结构创新的巧思，不仅提高了空间利用效率，还成功落实了“丝路”文化主题；BIM参数化设计为项目提供了高效精准的工具，为建筑在设计、施工和后续运营中的全方位发展提供了有力支持，不仅为体育场馆改造提供了实践经验，更为“适建筑”理论在复杂大型公共建筑设计的深入应用提供了有益的参考。

[1] 李迅，裘云丹，王晨曦．时空限制下的营造及赛后利用的思考：临平体育中心亚运改扩建设计［J］．浙江建筑，2023（4）．

十、运河亚运公园

项目信息

项目名称：运河亚运公园（原城西公园）

业　　主：拱墅区城中村改造工程指挥部

建设地点：浙江省杭州市拱墅区

建筑设计（方案/初步设计）：浙江省建筑设计研究院

联合设计：Archi-Tectonics

项目负责人：许世文　裘云丹　吴哲昊

设计团队：陈　劼　谢忠良　周俊凯　杨　庆　陈莉霞　徐　羿　王晓舟　陈许宁　王超益　陈骏祎　蒋一德

基地面积：467777m²

总建筑面积：185296m²

设计时间：2019年5月

建成时间：2021年10月

项目类型：体育场馆+公园

1. 项目概况

杭州运河亚运公园是浙江省首个综合性城市体育公园，公园地处杭州市拱墅区申花单元，总占地面积约701亩，总建筑面积达18.5万m^2。项目以全民健身为主题，设计方案将场馆和景观之间通过体育元素整合，由“一场一馆一广场两中心”构成，整体布局为北场（曲棍球场）、南馆（乒乓球馆），通过地形起伏打造绿色生态峡谷及飞跨育英路的生态漫步道，将城市公共空间、建筑内部功能协同考虑，形成一个多元共享的体育、休闲公园[1]（图3-69～图3-78）。

[1] 吴哲昊，王超益，张群力，等. 杭州运河亚运公园体育馆绿色建筑设计实践[J]. 建筑技艺，2023（5）：106-109.

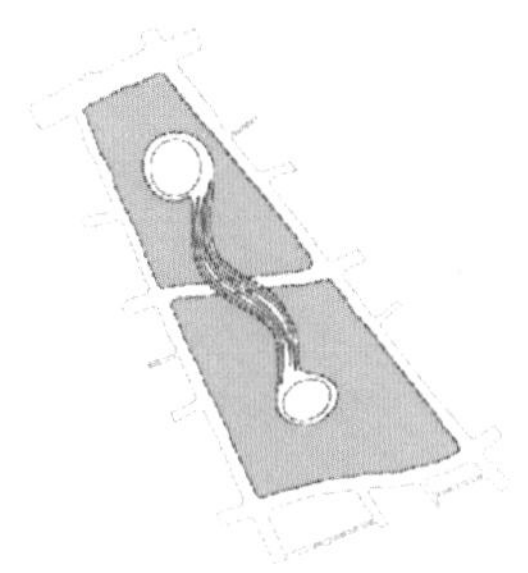

图3-69　公园示意图

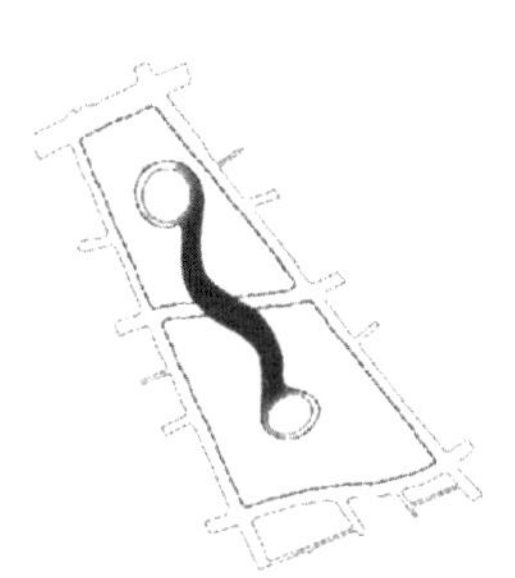

图3-70　峡谷示意图

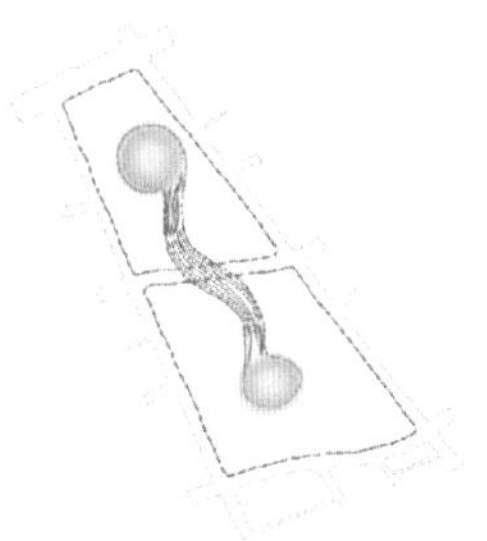

图3-71　场馆示意图

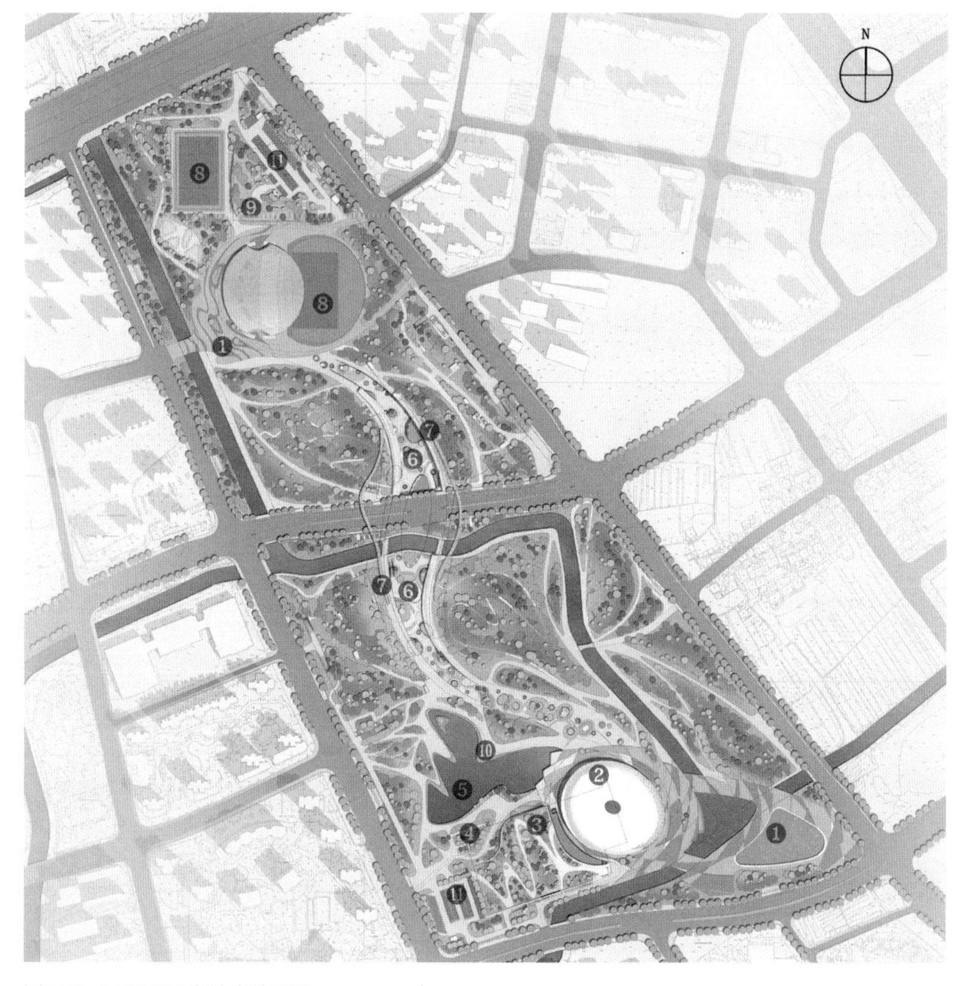

图3-72　运河亚运公园总平面图

图3-73　运河亚运公园乒乓球馆临水实景照片1

图3-74　运河亚运公园乒乓球馆鸟瞰实景照片

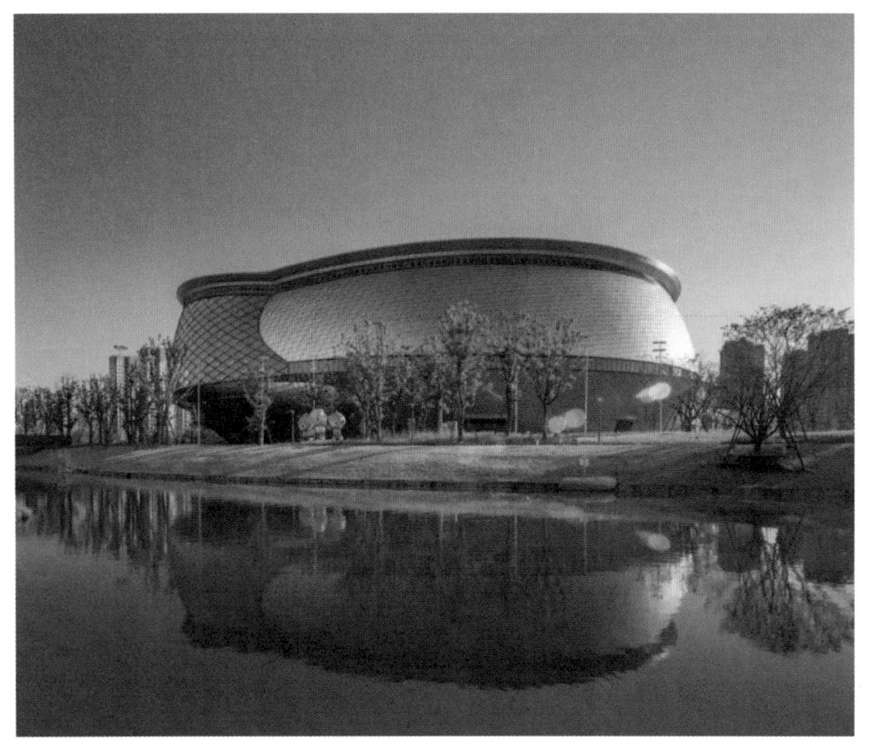

图3-75　运河亚运公园乒乓球馆临水实景照片2

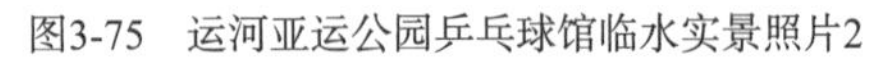

图3-76　运河亚运公园乒乓球馆室内实景照片

图3-77　运河亚运公园商业街鸟瞰实景照片

2. 规划目标——南区与北区互联互通

地块由学院路（东）、申花路（南）、丰潭路（西）和留祥路（北）围成南北长向梯形，以育英路为界分为南北两区，基地内有北庄河呈Z字形贯穿场地。针对场地条件，规划设计团队提出南北公园合一想法。公园主轴三个节点为南端体育馆、北端曲棍球场和商业峡谷中心，同时联系公园两侧的公共空间，并考虑健身、跑步步道的完整性，通过下穿生态峡谷与上跨过街天桥的方式，将两个地块的空间进行有效融合，保证了城市道路和河道的功能属性不受影响，也使地块间的联系空间成为公园的一大设计亮点。商业峡谷结合公园绿色设计，覆土建筑增加绿化面积，花园岗街和永兴河改造后成为景观节点，保证公园交通整体性。

3. 设计策略——适度处理三组关系

在项目初期，与亚运会组委会、拱墅区人民政府、城投公司以及专业的策划与运营团队共同参与项目策划，深入研究如何妥善处理以下三组关系：

（1）南区与北区的整合问题：这两个区域虽然地理位置上有所分隔，但通过巧妙的规划设计，力求将它们紧密地结合在一起，形成一个和谐统一的整体。

（2）建筑与景观的平衡：在公园这一特定的环境中，建筑应当与景观相得益彰，还是应当成为一道独特的风景线？

（3）日常与赛事的转换：在确保亚运会顺利进行的同时，如何确保这些设施在赛后仍能持续发挥其价值，为周边居民提供便利，是摆在设计面前的一大挑战。

4. 设计愿景——平时使用与赛事举办弹性切换

亚运公园不仅是为亚运会而建，更是为周边居民提供休闲、娱乐、运动场所，处理好平时与赛时关系是整个项目设计策划的重点。当然，本次设计的首要任务是确保项目能使亚运会的比赛顺利进行，同时，整个公园设施在赛后能继续服务民众，提升人们的生活品质也是重要方面：景观设计中布置了日常运动与不同年龄段的运动交互空间，如“花神跑道”“小芽儿”乐园、篮球运动场和滑板场；还有河边、旱溪边的芳草地供人们户外露营、搭台、搭建天幕；公园全时段开放，景观不设边界，人们可自由穿行享受各类设施；亚运会后，国球中心将利用多功能场馆，举办体育赛事、文化演出、企业年会等活动，丰富内容；热身馆部分设施将向公众开放预约，如乒乓球热身馆将提供羽毛球和乒乓球

图3-78 运河亚运公园曲棍球场实景照片

场地供市民使用；曲棍球场在亚运会后也将改造，以适应更多赛事和体育活动，如盲人足球比赛；曲棍球场还将满足国际比赛要求，同时举办其他户外体育活动，发掘更多可能性。[1]

[1] 任日莹. 运河体育公园：与城市相融，与未来相伴［J］. 杭州，2022（2）：16-19.

5．设计理念——建筑与景观相辅相成

1）注重文化传承，创新点亮城市

传承与创新并重是本项目重要的设计理念之一：南区乒乓球馆作为亚运会乒乓球、霹雳舞及亚残会乒乓球比赛场地，展现了城市历史底蕴与现代化科技的交融；国球中心采用玉琮造型，源于良渚文化，是我国古代最具神秘色彩的文化元素之一；场馆以玉琮几何形状为设计起点，中心外观呈圆形，内部有圆形洞口，形成“体中体”结构，可灵活转换竞技赛场和表演场所，丰富动态场景；体育馆与全民健身中心地上分隔、地下相连，全民健身中心斜屋顶为种植屋面，与填土缓坡融为一体，形成自然山坡地貌，节省土地资源；北区曲棍球场设计灵感来源于杭州非物质文化遗产——竹制油纸伞；曲棍球馆屋顶演绎为一个轻巧透明的125m长翼，横跨赛场，创造遮阳顶棚；两个椭圆形的长翼与椭圆形运动场地相互叠加，形成一把巨大的油纸伞，为看台遮风挡雨；两座建筑一南一北，一阴一阳，犹如艺术品矗立，各自独特风格和特点使其成为公园景观的焦点。

2）地景式建筑削减建筑体量

考虑在公园内建设体育场馆，因此建筑体量要尽可能削减：拱墅运河体育公园中乒乓球馆热身馆、曲棍球场训练用房建筑采取下沉设计，成为地景式建筑；乒乓球馆与热身馆两馆之间地下联通，不影响赛事使用，屋面种植

绿化，形成草坡及花池屋面，整体坡度向公园的景观湖面、景观绿地倾斜，通过将建筑表皮景观化，实现场地绿色景观向建筑延伸的效果，最终达到景观环境与建筑的真正融合；北区曲棍球场的场馆建筑及室外赛事场地也呈现下凹式形态，该方式减小了体育场馆的建筑体量，使半开放式的室外运动场自然形成了一个地景式的下凹草坡景观，球场的四周均考虑绿植放坡，途经此处游览的人们不仅可欣赏到地标性的曲棍球场馆，还可倚靠着木质栏杆扶手观赏赛事。

6．感受总结

本项目南馆和北场的规划结构和建筑设计手法充分体现了与周边环境相融合的同时适度传承地域文脉，既有精神文化内涵又体现设计创新的“适建筑”思想。公园因亚运而生，为生活而存，亚运会短暂，而民生需求却是长久且持续的，可持续的体育场馆从亚运回归日常，正是“适建筑”观所倡导的顺应时势，灵活变通。

十一、衢州南湖广场文旅综合体

项目信息

业 主 单 位： 衢州市文化旅游投资发展有限公司

设 计 单 位： 浙江省建筑设计研究院

项目总负责人： 许世文　陈志青　郑　军　叶　欣

建筑负责人： 王宏伟　鄢熙杭　杨占超　陈　阳　吴全玮　鲍凌霏　李春海　罗莅文　杨小刚

结构负责人： 楼　卓　苏项庭

机电负责人： 王　皓　杨长明　周晨亮　徐志敏　马慧俊　李　云　汪新宇

装饰负责人： 齐晓韵　李晨琤　周宇洁

幕墙负责人： 方　铃

智能化负责人： 孙　杰

景观负责人： 张昱展　陈莉芳

海绵城市负责人： 姜广萌

市政负责人： 赵　创

光环境负责人： 朱伟凯　周　鹏

基坑支护负责人： 曹国强　马少俊

图 片 版 权： 浙江省建筑设计研究院

设 计 周 期： 2019—2021年

建 设 周 期： 2021—2024年

1．项目概况

衢州南湖广场文旅综合体项目，是衢州市古城双修十大工程之一，涵盖城市商业综合体、数字博物馆、会展中心、旅游集散中心、数字产业园、特色酒店、住宅及社区服务中心。项目占地129987m^2，总建筑面积291466m^2，包括133594m^{2}地上和157872m^{2}地下建筑。项目设计基于衢州丰富的历史和文化，结合现代城市发展，融合南孔文化、围棋文化和现代城市绿色技术，打造既保留历史记忆又展望未来的城市节点。设计中引入“适建筑”理念，追求建筑在环境、文化和技术等多方面的和谐，强调建筑与自然的融合，体现传统哲学智慧（图3-79～图3-87）。

2．设计目标——破解现状诸多问题的痛点

衢州南湖广场文旅综合体项目基地原址为浙赣铁路衢州老火车站，区域承载着市民的历史记忆，随着浙赣铁路改线，原火车站改建为会展中心，并形成了南湖广场和公交首末站。基地周围环绕着古城墙、护城河、府山等历史元素，展现出独特的历史风貌。然而，基地现状存在一系列问题，需要在设计中加以解决。

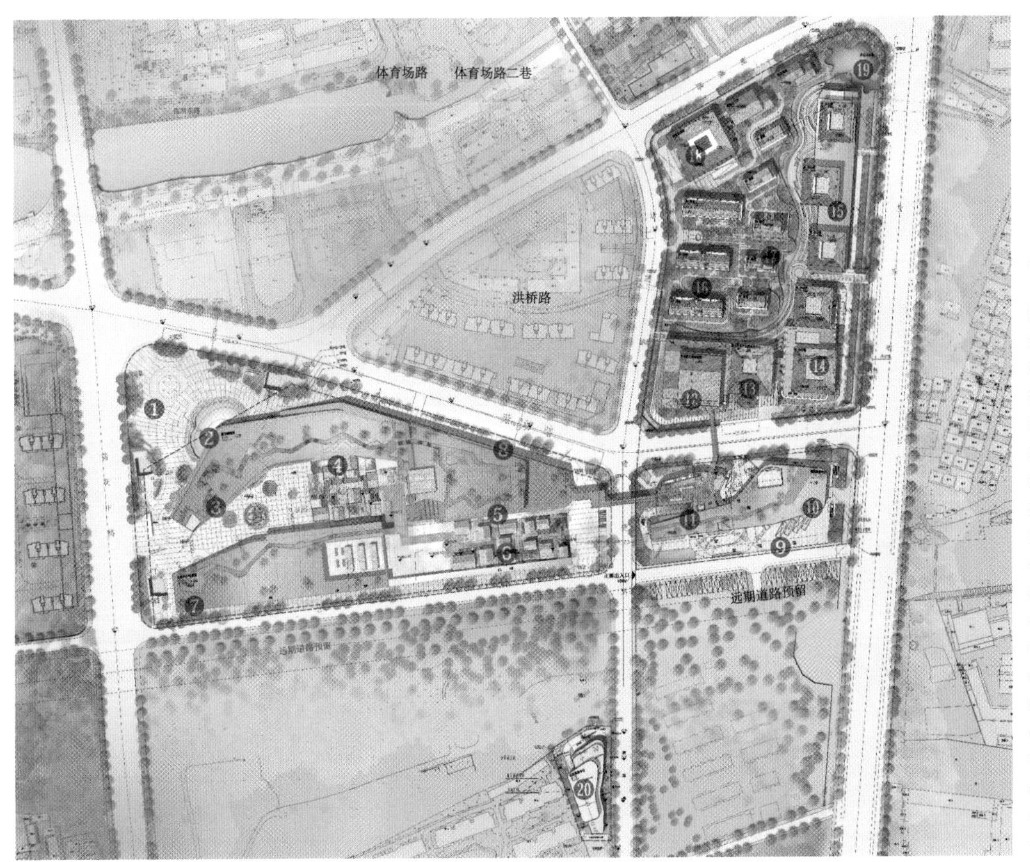

总平面图

❶ 城市庆典广场
❷ 水上舞台
❸ 南孔数字博物馆
❹ 亲子体验园
❺ 艺术购物中心
❻ 文化体验园
❼ 电影院
❽ 公交站
❾ 旅游大巴集散
❿ 集散大厅
⓫ 公共交通综合体
⓬ 南孔剧场
⓭ 展示大厅
⓮ 南孔文化产业园
⓯ 创客基地
⓰ 多层住宅区
⓱ 叠墅区
⓲ 精品酒店
⓳ 智水仁山
⓴ 社区服务中心

图3-79　衢州南湖广场总平面图

图3-80　衢州南湖广场综合体鸟瞰效果图

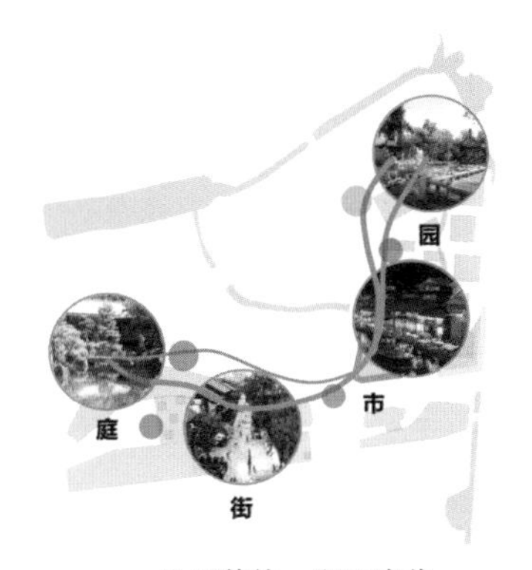

生于传统，兴于当代

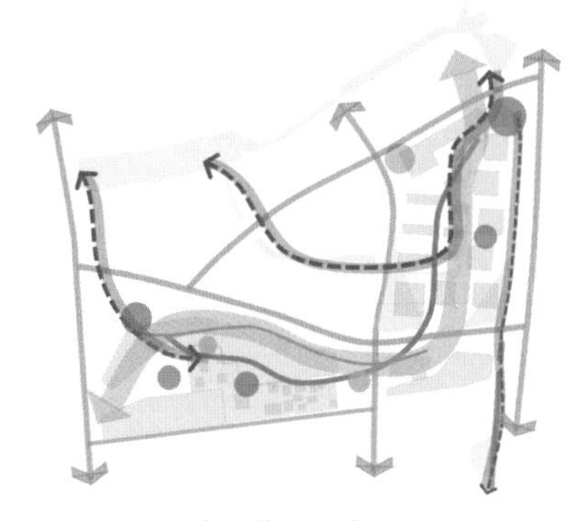

山水生境，生态互联

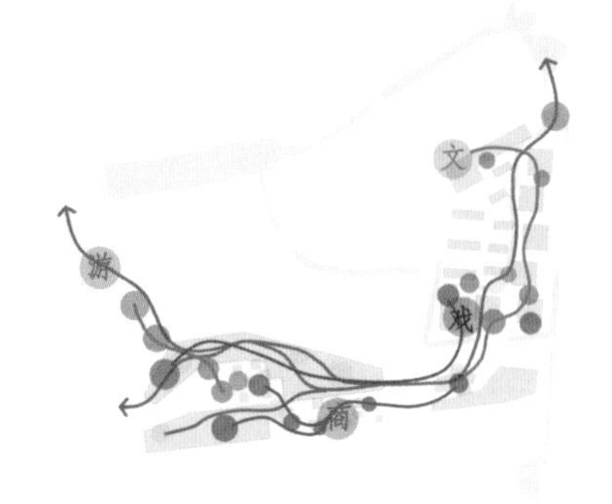

情境参与，多维体验

图3-81　衢州南湖广场景观设计策略

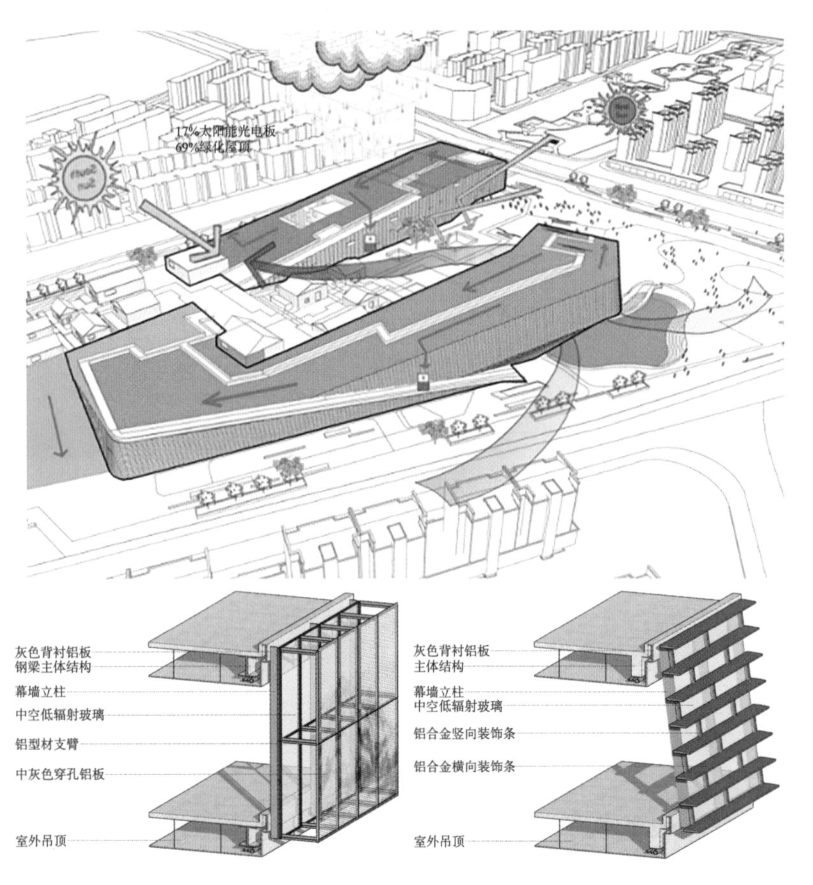

图3-82　衢州南湖广场技术示意图

图3-83　衢州南湖广场“两子文化”意向的建筑构型

图3-84　衢州南湖广场鸟瞰效果图

图3-85　衢州南湖广场大型水上剧场“洞见南湖”

图3-86　衢州南湖广场独立商业效果图

图3-87　衢州南湖广场实景照

首先，基地内道路骨架基本形成，但存在断头路和流线混杂的问题，同时停车空间不足。为解决这些问题，设计中需要考虑构建完善的路网系统，实现旅游巴士、公交、出租车、网约车和私家车的高效衔接，并打造丰富的慢行系统，与古城步行空间相融合。

其次，基地毗邻南湖这一主要景观资源，内部有多条水系。尽管临府东路西侧水渠已经整治并形成景观绿廊，但南湖作为衢州的护城河和母亲河，在规划区东北段湖面缩小并消失，需要考虑如何重塑护城河、连通水脉和完善水系统。

此外，基地周边建成区以居住和商业配套类建筑为主，整体风貌较好，基地西北侧不远处为衢州古城墙入口，东北侧紧临同为古城双修工程的府山南地块。因此，设计中需要考虑如何使新建成的城市商业主中心与古城传统肌理相呼应。

基地面临历史记忆传承与城市功能提升的矛盾。设计应寻求"适"的状态，既保留历史记忆，又提升交通便捷性、建筑功能多元性和古今融合的建筑风格，使南湖广场成为连接新老城区、传承历史与展望未来的重要节点。

3. 设计愿景——立体山水，"适"于环境

为了避免传统大型城市综合体对城市中心区的影响，本项目主体建筑采用"建筑景观化"设计思路，巧妙布局和引入地域元素，使建筑成为城市风景的一部分。主体建筑造型以山为意向，模糊建筑、景观和城市公共空间的界限，使建筑群中不再强调单体建筑本身，而是注重形象统一和屋顶空间的景观化。曲折小路和分散活动平台建立人与城市的共鸣，激发片区活力。

衢州古城以传统街巷和朴素雅致的民居建筑为特色。为了重现古城风貌，山坡上布置了多座独立商业功能的小房子，灵感来源于传统衢州民居，与古城肌理相协调。这种设计既模拟了传统街巷的错落有致，又创造了层次分明的景观；既尊重了古城肌理，又再现了古老市井生活。

为了顺应“山体”、水势和城市格局，项目设计中充分融入了水的元素，以创造性的手法展现了水景的多样魅力。通过主广场的静态水系和产业园片区动态水的结合，为整个城市增色不少；引入缓坡屋顶公园则使得水景不仅仅停留在水面，更成为一个宜人的休憩场所，展现了水的柔和，并采用了生态海绵和人工净化技术，巧妙处理雨水径流，实现了水资源的有效利用，体现了对水环境的关切；建筑如山，如鸟飞于云的形象，使整体建筑仿佛与水相融合，呈现出一幅山水交融的画卷，融合于山水城市和古城传统肌理之间。

4．设计立意——双子化形，“适”在文脉

衢州素有“东南阙里、南孔圣地”美誉，是孔氏南宗文化的重要发源地。南孔文化，既是衢州独一无二的印记，更是衢州的精髓和灵魂。

以烂柯山为代表，衢州也是世界围棋的圣地。此外，衢州旅游资源丰富，有“神奇山水，名城衢州”之称，境内有江郎山、烂柯山、龙游石窟等150多处景点。以上文化积淀形成了衢州著名的“两子”文化。

1）“孔子”——南宋儒学

南宋时期，南孔文化达到思想高地，朱熹儒学集大成者在衢州烂柯山讲学，留下烂柯山讲学之佳话。习近平总书记曾作出“让南孔文化重重落地”的重要指示，作为南孔圣地的衢州，应大力弘扬和挖掘南孔文化，推动优秀南孔文化创造性转化、创新性发展，打响“南孔圣地衢州有礼”。

2）“棋子”——围棋圣地

衢州双子文化中的棋子，其文化发源地烂柯山位于衢州南部。据梁代任昉《述异记》记载，晋时王质在烂柯山见童子下棋而听之，不觉时间流逝，斧柯烂尽，回家后发现无人相识，因此得名烂柯山。

本项目方案深入挖掘衢州孔子讲学、围棋圣地的“两子”文化，将元素融入建筑形态和业态策划中：在空间组织上，体现了“儒家之隐隐于市”的概念，采用流通又迂回的空间组织手法，给游客提供深度的感知体验；设计方案形态上追求更加富有灵性和变化的设计语言，体现了对儒家思想的传承。

城市庆典广场是本项目亮点，拱形数字博物馆灵感来自烂柯山天生石梁，体现衢州悠久的“两子文化”。交错的体块象征孔子行手礼，既是对古城的致敬，也是对未来的展望，更是连接历史与未来的天生拱桥。

数字博物馆下的大型水上剧场“洞见南湖”用多处圈层象征水的多种美德，体现南孔文化。项目还设计了一个巨型地景棋盘和下沉圆形广场，形成模块化的棋子，呈现出独特的艺术感和文化性、趣味性体验。

空中步行栈道隐喻衢州古道文化，衔接场地内三个地块，形成一体化，完善多层次立体空间的步行系统。

5．建筑技术——科技创新，“适”材而作

包裹“山体”的“小房子”外立面采用双层表皮设计，模仿衢州古城墙肌理，宛如披上古老城墙的外衣。水平线条既遮阳又反射光线至室内，实现节能效果。横向线条切割建筑体块，形成三维形体，增添艺术感和立体感。“小房子”表皮采用低辐射玻璃和灰色透光膜，搭配金属拉网，展现现代而亲切的建筑氛围。

数字博物馆转角部位采用大跨度结构，立面呈机翼状。中间竖向构件不落地，结构为钢框架+中心支撑。支撑和桁架分布满足美观、功能和受力要求。室内有小型溜冰场，上部采用单向钢桁架结构，小建筑通过桁架层转换。

建筑设计采用多项绿色技术，如光伏幕墙、可调节内置百叶窗、低辐射玻璃幕墙、自然采光、雨水收集、中水回收等。单体采用节水洁具、感应照明等器具节约资源，旨在成为绿色生态建筑典范。

6．感受总结

目前南湖广场文旅综合体项目已经建成，回顾设计时希望想要呈现的独特而具有前瞻性的城市发展愿景，引入“适建筑”设计理念，提出一个既尊重历史传承又迎合现代城市需求的设计指导思想，通过山体构建模糊的建筑边界，使建筑不仅仅是功能性的结构，更成为城市的一个景观场所。南孔文化和围棋文化的融入，以及先进的生态技术的运用，为南湖广场注入了深厚的文化内涵和现代氛围，这既是对衢州传统文化的致敬，也是对城市未来的展望，南湖广场的建成连接了新老城区，成为当地传承历史与展望未来的独特城市地标。

十二、“适+公社”（全国“好房子”大赛获奖方案）

项目信息

主 办 单 位： 中国勘察设计协会

设 计 单 位： 浙江省建筑设计研究院

主持建筑师： 许世文

设 计 团 队： 张敏军　郑　军　叶　欣　王宏伟　沈成龙　宋佳佳　王颖佳　佘乐乐　杨占超　徐　超　程相鑫　段　贝　罗　君　高志洋

图 片 版 权： 浙江省建筑设计研究院

项 目 地 址： 江苏省南京市

建 筑 面 积： 20.39万m^2

设 计 周 期： 2023年9月—10月

项 目 类 型： 设计竞赛

项 目 获 奖： 全国“好房子”设计大赛三等奖（2023年）

1．项目概况

全国“好房子”设计大赛由中国勘察设计协会举办，旨在提高住宅品质，推动住房建设转型升级。本案基地位于江苏南京，基地周边条件丰富，包含住宅小区和工业遗产改造设计。住宅针对年轻人刚需，工业遗存改建为社区服务、商业配套等，任务书要求充分考虑全生命周期、可实施性和创新设计等方面，考虑城市、社区、功能、住宅和人群之间的相互关系，构建良好关系，探讨未来住宅标准化设计和全生命周期住宅（图3-88～图3-92）。

2．织补城市——优化住区－城区二元结构

“适+公社”不同于封闭式小区，具有高包容性，延续城市规划结构，促进片区发展，吸引年轻人才。设计以人为本、环境优先，创造有归属感的情感场所和生态社区。

“适+公社”与周围城市肌理紧密相连，布局具有延展性和一致性：建筑布局以九宫格为主，塔楼多为南北向住宅，调整面宽以最大化接收阳光照射，同时考虑城市界面和建筑形态，布置少量东南、西南向住宅；裙楼纵横

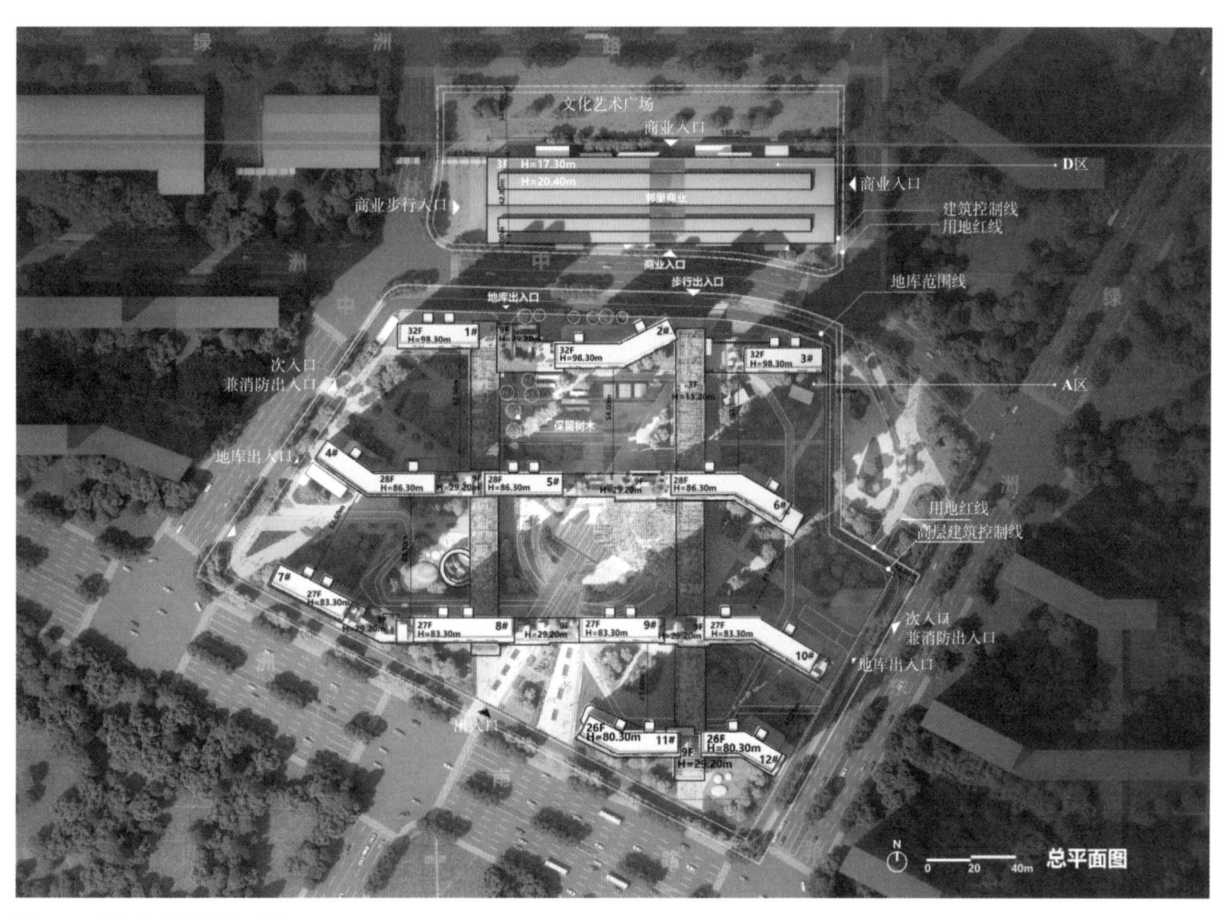

图3-88 “适+公社”总平面图

图3-89 “适+公社”鸟瞰效果图

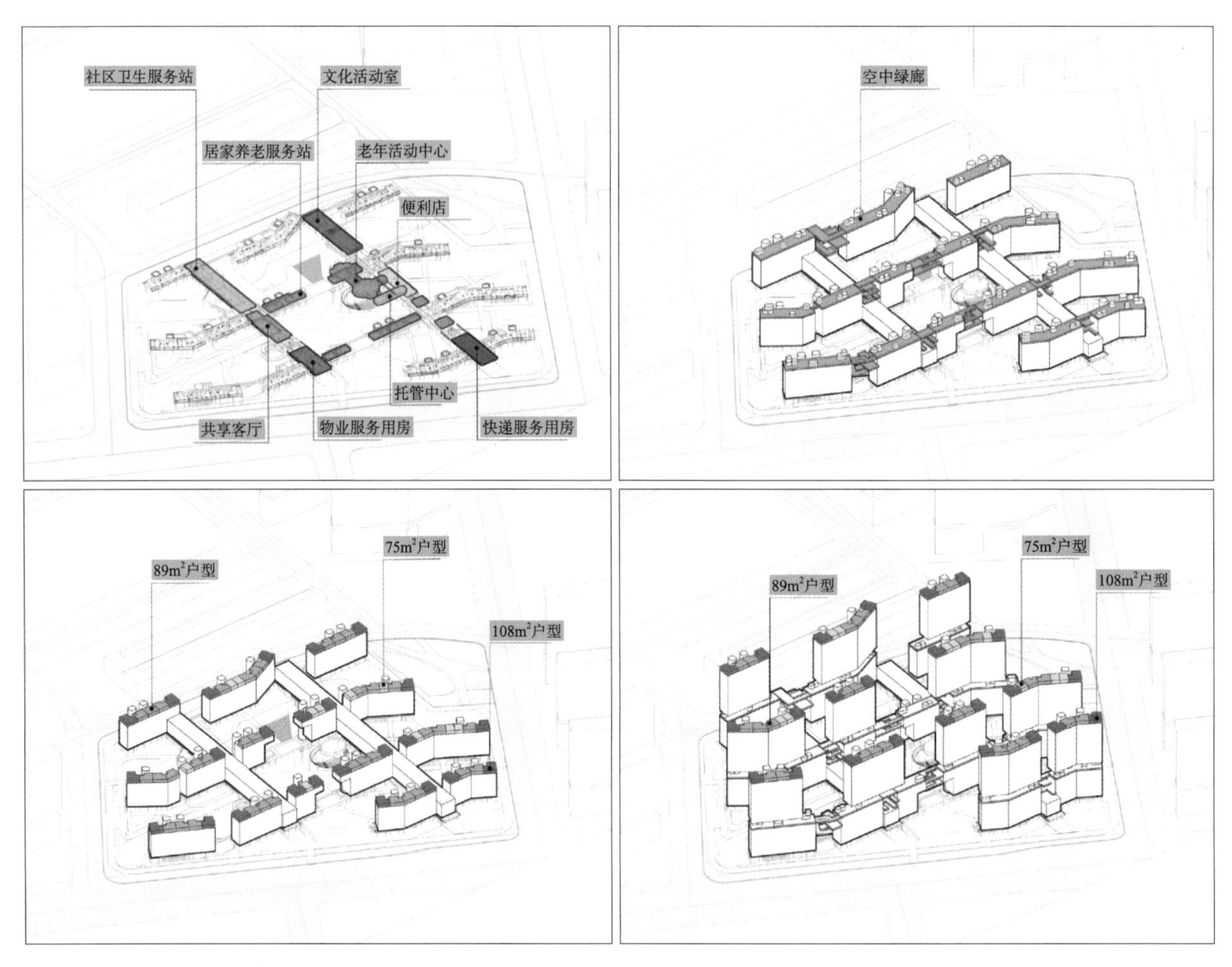

图3-90 “适+公社”不同高度功能和户型分析图

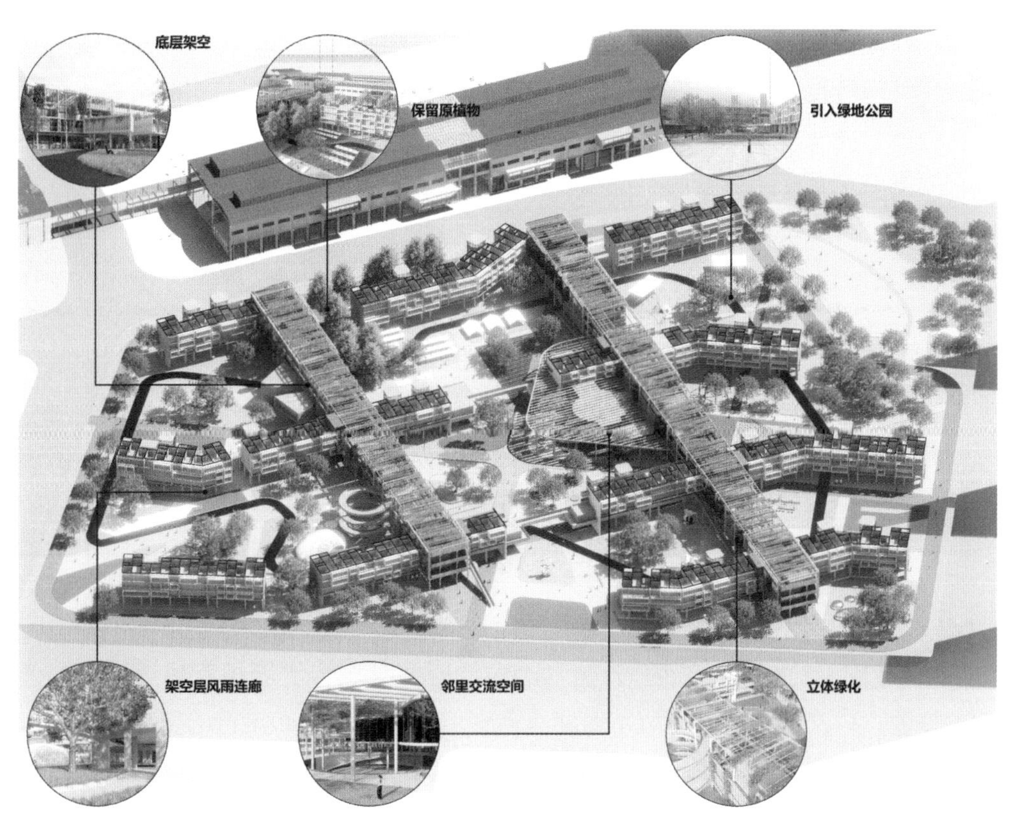

图3-91 “适+公社”场景布置分析图

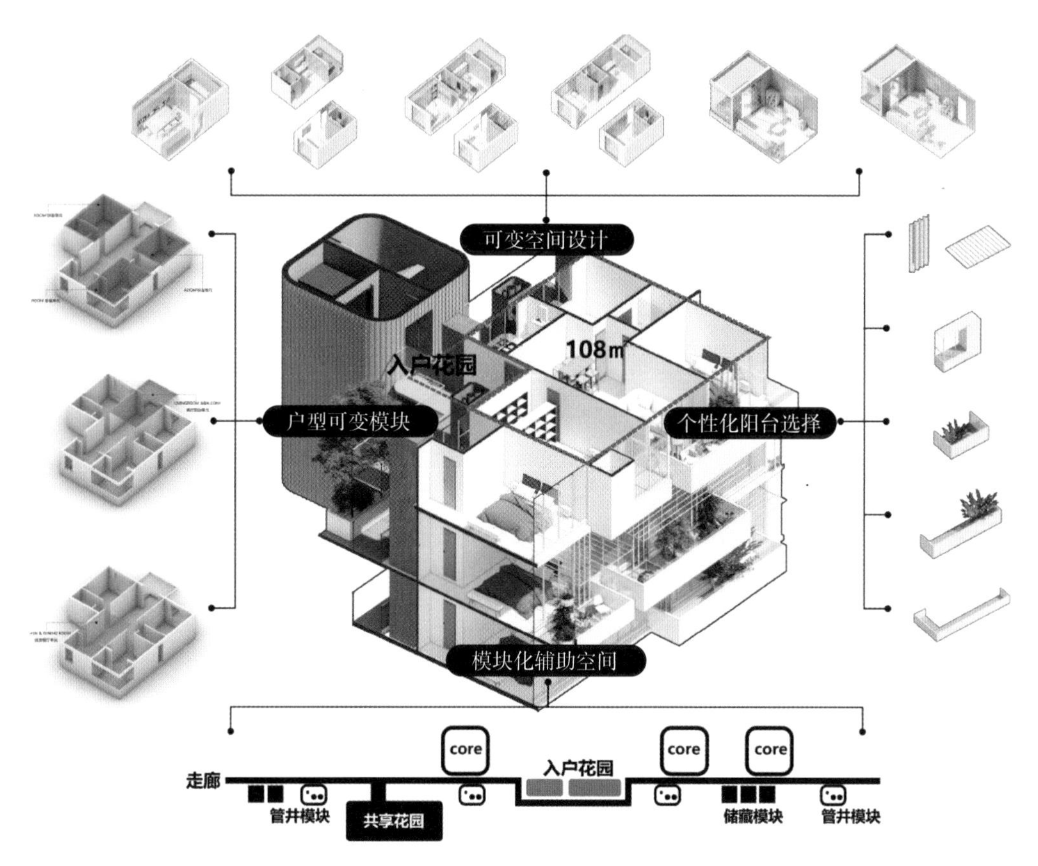

图3-92 “适+公社”全周期集合住宅5.0版示意图

串联整个住区，创建配套活力轴，打造青年社区；基地东侧和西北为绿地，南侧为城市景观带，北侧有保留树木，近处为莲花湖公园。如何将住区景观与城市景观结合，形成开放包容的姿态是重点，“适+公社”的思路是延伸南侧城市景观，通过底层架空与东侧绿地连接，形成景观环线，同时保持南侧城市景观带与莲花湖文化休闲带的连续性。

3．活化空间——构建住区体系与配套业态

“适+公社”以开放、共融、共享为布局原则，配置九大场景，组合多元业态，丰富社区功能，建立公共平台，促进成员互动；采用全周期户型设计和模块化装配，适应时代需求，提升居住弹性与灵活性；融合开放空间、高效配套、全周期户型设计和多层次共享，打造高品质、多元、充满活力的好房子社区样板。

1）住区系统策略

（1）交通系统：“适+公社”的居住空间与城市边界相互渗透，提升便捷度；内部部分道路和城市道路互通，增加社区活力和出行的便捷性；人车分流，设置专用非机动车道和人行漫步道，鼓励低碳出行。

（2）居住系统：“适+公社”的居住设计响应国家号召，探讨具有较强实施性、成本适宜、有利于市场推广的好房子居住系统，力求显著的社会经济效益，积极尝试新的居住模式和施工做法，打造模块化、装配化、定制化、集成化、具备居住空间全周期适应能力的户型。

（3）配套系统：“适+公社”布置高效的公共服务设施，配置全周期能够根据实际情况改变功能的公共配套空间，提供胶囊仓库等共享空间，打造社区和城市融合的公共配套系统。

（4）景观系统：构建开放与半开放的平面景观系统；在三个不同高度建立共享、垂直、立体的景观系统；以及组建街区空间、社区景观、组团花园、入户花园等多层次的景观系统。

2）弹性结构布局

三种弹性空间布局：具有良好可达性和灵活布置的公共配套空间，以便适应未来各种功能需求；布置灵活弹性的非机动车道，以方便居住者零距离到达单元入口；住区边缘的建筑布置灵活且具有弹性，兼顾朝向和城市空间肌理，使住区的外部空间更好适应用地边界，以便与城市空间更好融合。

3）功能配套配置

“适+公社”围绕开放的十字轴裙房系统配置文化活动站、养老服务、共享客厅、便利店等服务配套设施，提高使用效率；在24m标高处的楼层配置

半开放的花园空间，可以成为住区青年人的社交场所；多层区为一梯三至四户，高层区为一梯二至三户，合理配置居住人数和垂直交通。

4）未来社区九大场景应用

本项目结合九宫格底层开放空间设计植入未来社区九大场景（邻里场景、教育场景、健康场景、创业场景、建筑场景、交通场景、低碳场景、服务场景、治理场景），将所有场景按照基地和空间特征进行重构，打造一个便捷、智能、生态化的社区服务系统。

4．探究未来——新生活方式与标准的集合住宅5.0

“适+公社”通过调查年轻人生活方式，结合竞赛定位推出集合住宅5.0概念。5.0是对第四代住宅的再探讨，配置辅助和可变模块，打造全周期住宅，提供个性化阳台和模块化公共服务空间，确保适应性和个性化。通过分析和研究，梳理出六个户型定制模块，包括入户花园、可变辅助空间、弹性功能区、可变墙体、辅助功能模块和个性化定制区域。这些模块的灵活组合满足不同客群需求，重视无障碍设计、数字运维和智能家居，打造舒适的全生命周期户型。

5．感受总结

“适+公社”方案是对未来“好房子”设计标准的一次积极探讨，也是“适建筑”设计观在设计竞赛中的一次实践和理论探索，通过对“住宅-住区-城区”的多级关系的思考以及年轻人的需求和社区与城市的开放融合的统筹考虑，做到兼顾场地、景观、行为、个性等设计因素特质的情况下，还使各方面因素均处于一个比较“适”的状态中，也就是求得共性，这将为后续相关类似项目积累参考经验。

十三、杭州国际体育中心

项目信息

业 主 单 位： 杭州余杭城市发展投资集团有限公司
设 计 单 位： 浙江省建筑设计研究院
联 合 设 计： 扎哈·哈迪德建筑事务所
设计总负责人： 裘云丹　许世文
项 目 经 理： 王松涛　王宏伟　杨　庆
建筑负责人： 郑　军　王松涛　陈　劼　王宏伟
结构负责人： 杨学林　谢忠良　张和平
给水排水负责人： 李　峰　全金帅
暖通负责人： 周俊凯　夏佳颖
电气负责人： 陆　辉　徐胡杰
景观负责人： 楼　晓
装饰负责人： 杨海英　齐晓韵
泛光照明专业负责人： 周　鹏
幕墙负责人： 梁方岭　方　铃
智能化负责人： 刘译泽　孙　杰
BIM设计负责人： 寇　林
经 济 专 业： 吴美玲
图 片 版 权： 浙江省建筑设计研究院
项 目 地 址： 浙江省杭州市
建 筑 面 积： 52.28万m^2
项 目 类 型： 体育建筑
建 设 情 况： 正在建设，计划2027年建成投入使用

1．项目概况

杭州国际体育中心，地处杭州城市新中心核心区。该项目占地面积为5.2万m^2，涵盖了专业足球场、综合体育馆以及游泳跳水馆等三大核心场馆，并辅以完备的训练场、健身设施、商业店铺与餐饮服务等配套设施。体育中心致力于满足“国际赛事举办、全民运动参与以及健身休闲需求”等多重功能，将成为一站式的“国际体育中心”，其建设将推动杭州体育事业的蓬勃发展，优化体育资源的合理配置，引导休闲文化向健康方向发展并逐步实现产业化，展现城市的新风貌，提升杭州的城市影响力及国际地位（图3-93 ~ 图3-100）。

图3-93　杭州国际体育中心总平面图

图3-94　杭州国际体育中心鸟瞰效果图

图3-95　杭州国际体育中心专业足球场效果图

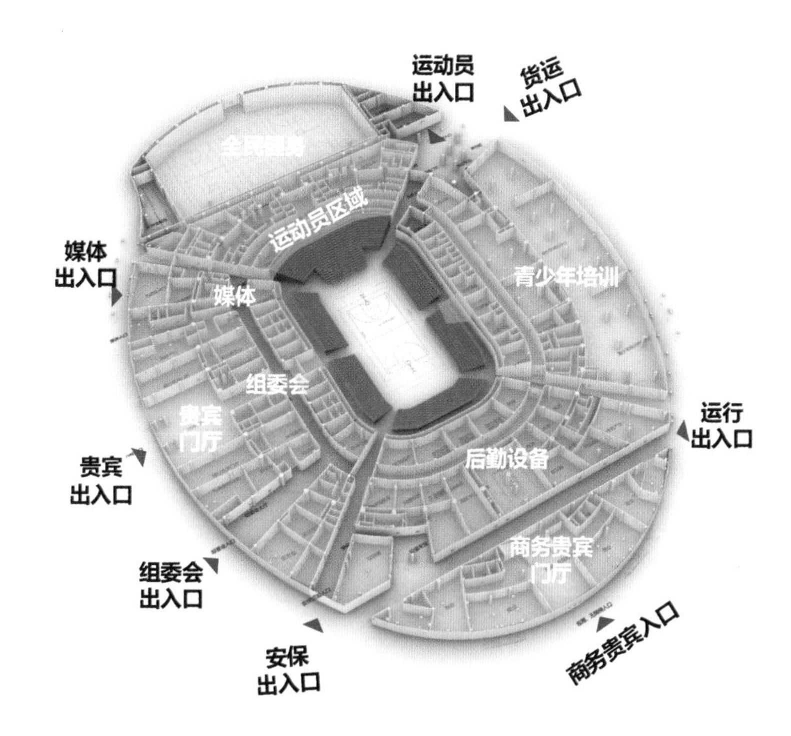

图3-96　综合体育馆功能分区

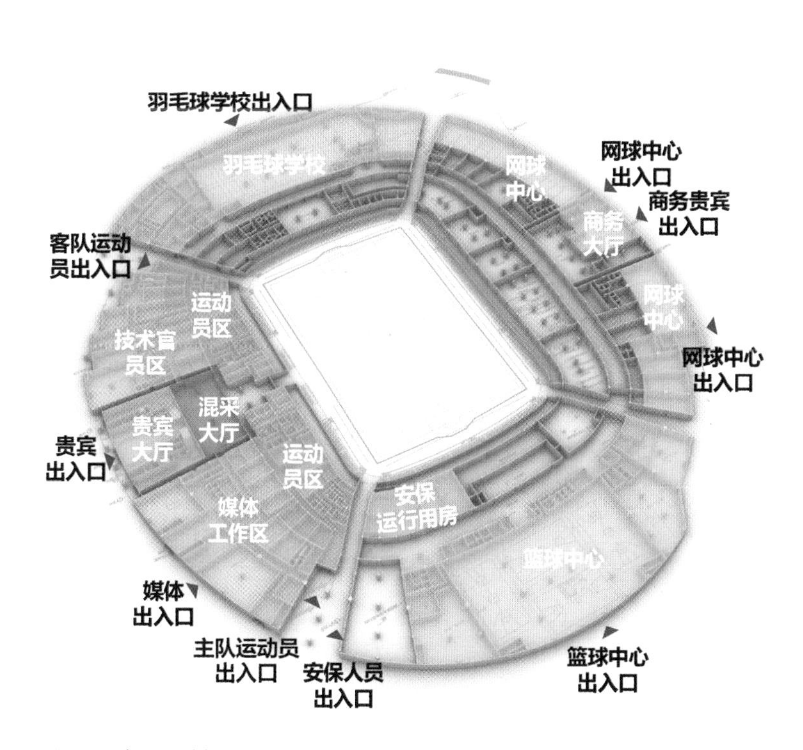

图3-97　专业足球场功能分区

图3-98　杭州国际体育中心综合体育馆效果图

2. 设计愿景——融城汇景·环境优先

杭州城市新中心核心区城市设计中提出了自然之城的理念，基于湿地湖链体系和河道系统打造蓝绿交织、景城融合的新中心。国际体育中心践行了这一理念，在中心景观设计中，沿着河岸的部分被设置成了湿地，它也是区域排水系统的组成部分。该系统可对引导收集来的雨水和废水进行过滤再利用，借助原生的水生动植物的力量来实现自然净化的效果。场馆布局结合了方向和功能，一半场地转化为城市新公共空间，提供休闲娱乐场所，并可举办文化活动，丰富城市文化生活。

3. 立意构思——青瓷形·玉璧意·茶田韵

国际体育中心由三大主要场馆构成，一个能容纳6万人按FIFA最高标准建设的足球场，一个18000座按NBA最高标准建设的综合体育馆以及一个3000座能承办甲级赛事的游泳跳水馆，三大场馆大小不一，但彼此之间联系紧密，通过梯田式裙楼的连接浑然一体。为了充分利用有限的场地资源，每个场馆的设计都紧凑而高效。

在国际体育中心的设计构想中，杭州的地域文化通过“形态”“意境”与“韵味”三大维度得以深度诠释。专业足球场的设计灵感汲取自江南青瓷与良渚文化的玉璧造型，而景观与大台阶的构思则与径山茶田的景致相呼应。

形如瓷，从“形”出发，以龙泉青瓷为设计灵感，使建筑形态更具地域性，塑造独特的建筑形式，在对传统文化传承的基础上进行现代建筑语言的创新。

意如玉，源于良渚文化中的玉璧，体育中心的三个场馆好似从远古穿越而来的三枚玉璧，翩然落于场地之中。

韵如田，将径山茶田融入设计，将茶山层叠绵延的韵律呈现于场馆立面及观众平台设计，使建筑形态富有层次和动感。

4. 建筑技术——节能纳气·技术为宜

与传统封闭体育场不同，国际体育中心体育场外墙通透开放的立面和“百叶窗”设计，赋予体育场轻盈感。露台提供休闲和社交空间，观众可欣赏比赛和城市景色，增添观赏乐趣。观众席设计符合国际足联标准，确保每个座位有最佳视野，增强球迷参与感。这些设计理念在体育场的几何形状和立面设计中得到体现，展现独特魅力和现代气息。

设计考虑杭州温暖气候和中国绿色建筑三星级标准，注重自然通风和采光控制，确保舒适度：场馆配备太阳能发电设施，减少对传统能源的依赖，降低环境负荷；引入地面热交换与回收系统；为了减少整个项目的碳消耗，建筑师在优化设计过程中极力减少了结构所需的材料数量，并与当地的供应链及采购系统相结合，提高了对材料的回收与循环利用率。

5．感受总结

杭州国际体育中心不仅是一个体育赛事的场馆，更是一座具有文化内涵和艺术价值的城市地标，为城市增添了独特的文化底蕴和建筑魅力。作为“适建筑”理念应用的典范，旨在追求与自然和谐共生、与城市规划相契合的设计理念，通过按照中国绿色建筑三星级标准设计，充分利用自然资源，采用混合通风和太阳能发电等技术手段，最大限度地减少了对环境的影响。同时，体育中心的设计与当地的青瓷和玉璧文化相融合，展现了对传统文化的尊重与传承，彰显了中国传统与现代建筑相结合的独特魅力，体现了“适建筑”的核心价值观。

图3-99　杭州国际体育中心足球场大厅室内效果图

图3-100　杭州国际体育中心入口景观效果图

十四、杭州国家版本馆

项目信息

业主单位：中共浙江省委宣传部

设计单位：浙江省建筑设计研究院

方案主创：业余建筑工作室

EPC主持建筑师：许世文 朱周胤

设计团队：任 涛 林 峰 王华峰 何雅俊 徐伟斌 高 超 王凌燕 余红英 金 涛 蔡晓峰 俞科迈 杨海英 鲁显登 林 娜 江桂龙 楼 晓 雷 飞 方 方 易宗辉 黄 震 俞海泉 金 龙 刘亚军 程 江 姜广萌 马少俊 朱鸿寅 马 俊 寇 林 洪玲笑

项目地点：浙江省杭州市

建筑面积：103100m^2

项目类型：文化建筑

建设情况：已经建成投入使用

1．项目概况

杭州国家版本馆选址良渚，总建筑面积10.31万m^2，核心功能为保藏、展示、研究和交流，是集图书馆、博物馆、美术馆、档案馆、展览馆等多种功能于一体的综合性场馆，同时也是中央总馆异地灾备库、江南特色版本库，以及华东地区版本资源集聚中心，对于提升我省公共文化服务水平、更好弘扬浙江传统文化、推进文化浙江建设等方面都具有重大战略意义。

建筑设计围绕宋代园林神韵的当代藏书建筑展开，因地制宜，随山就势，在总体布局、山水观与功能设定上，在建构技艺、材料特性、形体气质等方面都在进行传统与现代之间的对话，探索当代中国本土建筑的创造性表达。项目建成后，以其独特的江南韵味、创新的技术工艺、高质量的设计完成度，成为宋韵文化在建筑设计中的最新实践，迅速成为杭州新的文化地标（图3-101～图3-110）。

图3-101　杭州国家版本馆航拍实景照片

图3-102 杭州国家版本馆鸟瞰实景照片

图3-103　杭州国家版本馆水榭夜景实景照片

图3-104　杭州国家版本馆局部实景照片

图3-105　杭州国家版本馆主书房实景照片

图3-106　杭州国家版本馆庭院实景照片1

图3-107　杭州国家版本馆外廊实景照片

图3-108　杭州国家版本馆庭院实景照片2

图3-109　杭州国家版本馆南书房室内实景照片

图3-110　杭州国家版本馆七大创新技术营造

2. 设计愿景——叠山理水，废弃矿山的重生

杭州国家版本馆的建设展示了对自然环境的创新利用，不同于传统废弃矿山填平利用的方式，本项目保留了整座山体格局。项目规划考虑了地区自然灾害和治理方案，保护了现有的山体风貌和植被，方案设计者王澍先生借意《溪山行旅图》，重新塑造了园林风貌，并通过山体恢复工程将废弃矿山恢复为生态山体库房。通过巧妙设计隐形中轴线，各建筑沿南北方向展开，运用中国园林美学原理，构建整体布局，呈现山水画卷般场景。建筑间以宽大展廊相连，增强联系，提供展览和休闲空间。中轴线引入良渚港水系，利用矿坑打造核心水景，形成北池、中池和南池，增添水景元素，营造宜人环境。场地西侧为公众服务与管理区，东侧为山体库区，利用场地特点，特殊设计建筑，设置钢筋混凝土墙体。杭州国家版本馆将建筑融入自然，展现“掩映之美”，塑造宋画意境，追求美感与自然融合，诠释了“物尽适用，变废为宝”的传统智慧。在方案设计中，设计团队采用了无人机倾斜摄影三维建模，建立了精准的山体空间尺寸模型，并搭建了玻璃保护房以保护特定的松树。

3. 立意构思——山水画中走出的宋韵

杭州国家版本馆建筑宛如由山水画中跃出，为了与山水环境相融合，我们采取了一系列措施：利用自然地形，使建筑与山体浑然一体；建筑与园林相互呼应，通过展廊和风雨廊相连；青瓷屏扇点缀在建筑两侧，呈现出大气灵动的现代宋韵；植物与建筑相融合，营造出宋代园林的氛围，使版本馆成为一幅现代宋韵山水画；建筑依山而建，灵感源于山水之美，巧妙地将建筑融入山水之间，与自然环境形成默契的对话。

站于主馆向南眺望，崖壁如画卷般铺展，山石线条宏伟优美。仿佛置身《四景山水图》，建筑如艺术家巧妙安置的山石，与树木山石相交融，展现宋代韵致。西侧山顶草木茂盛，岩壁如李唐的大斧劈皴，宛如《万壑松风图》的幽静山水。建筑与自然完美融合，传承宋代审美理念。建筑精心设计，树木山石遮掩，体现宋代留白和姿态之美的审美趣味。

版本馆的建筑与园林相互融合，通过展廊和风雨廊连接，檐廊的转换和绕山廊的曲折设计，为游客提供移步换景的园林体验。这种设计让游客仿佛穿越在宋代山水画中，实现了建筑与自然的和谐共生。龙泉青瓷屏风门扇的设计，借鉴了宋人绘画中的画屏意念，展现出浓厚的现代宋韵。檐廊下方的灰空间，通过置石和蕨类植物的配置，体现了宋代园林的植物意境。楼阁下的宋韵庭院和楼阁上的青青木林，都展示了现代对古代美学的精妙表达。

项目设计的独特之处在于，它未简单复刻宋代建筑或摘取元素符号，而

是运用现代建筑手法，融合古代宋韵与现代建筑风貌。这种创作既致敬传统文化，又为未来留下精致建筑文化遗产。

4. 建筑技术——七大创新工艺破解营造难题

在项目中，在现有成熟技术和材料的基础上，进行了适度的技术创新，不是简单追求新材料的使用，而是以合理方法使每种材料展现其独特的美感与神韵。设计团队在杭州国家版本馆项目的深化及落地设计中采用创新技术与材料，如现浇清水混凝土、预制清水混凝土挂板、夯土墙、青瓷屏扇、钢木构、青石花格砌及青铜双曲屋面等体现出现代宋韵效果。

（1）现浇清水混凝土：通过精细设计肌理、纹路、收边收口等细节，采用一次成型的现浇清水混凝土，减少二次浇筑对建筑观感的影响，呈现出预期的效果。

（2）预制清水混凝土挂板：通过预制钢结构框架保证挂板在吊挂过程中不变形，结合三维调节支座设计，实现与现浇清水混凝土相同的艺术效果。

（3）夯土墙：通过设置钢板格构体系区分墙体，增设钢构体系并与主体结构相连，保证墙体的稳定性。

（4）青瓷屏扇：成功解决门体厚度与结构强度的矛盾，最终将门体厚度控制在22cm，实现青瓷屏扇的设计效果。

（5）钢木构：针对四种不同的钢木构形式，梳理组合构成逻辑，解决构造、力学、美学等技术问题。

（6）青石花格砌：设置可活动的单元，考虑检修要求实现青石花格砌的创新设计，使其旋转打开更方便。

（7）青铜双曲屋面：通过双层金属屋面设计，巧妙实现青铜双曲屋面的造型要求，满足了屋顶保温、防水、排水、隔声降噪等功能要求。

5. 感受总结

杭州国家版本馆设计中通过山水环境、群组布局、材料表现、空间层次等一系列“适”的设计处理手法，实现了建筑的文化风韵、形态神韵的焕发。这不仅是技术的新韵，更是创新的气韵，使建筑真正成为体现当代的宋韵之作；这不仅是一座建筑的崛起，更是一场对中国传统文化的致敬，呈现出独具魅力的现代宋韵建筑群，同时也是“适建筑”思想在项目实践应用中的提升和完善。

第二节　规划及城市设计实践探索

一、杭州大学城城市设计

项目信息

设 计 单 位： 浙江省建筑设计研究院

合 作 设 计： 杭州市规划设计研究院

主持建筑师： 许世文

主持规划师： 王　宁

设 计 团 队： 郑　军　李人杰　张敏军　吕　佳　徐俊健　戴侃敏　钱志刚

图 片 版 权： 浙江省建筑设计研究院

项 目 地 址： 杭州市余杭区

设 计 周 期： 2008—2009年

项 目 类 型： 城市设计

完 成 情 况： 国际方案竞赛第一名并中标实施

获 奖 情 况： 2009年全国优秀规划二等奖
浙江省优秀规划设计一等奖

1．项目背景与概况

自20世纪90年代起，我国大城市开始建设大学城，新校区在交通上占优势，但校区缺少特色、缺少环境设计多样性和学生参与；大学城高校密集，但缺乏城市概念，导致社会功能未充分展现；部分大学城规划较固化，注重物质和景观，忽视行为和人文因素；校园布局均匀、松散，建筑体量大、密度低；校园活动氛围不均，共享设施不便。

杭州大学城（现杭州师范大学仓前新校区）与传统模式不同，不再追求规模和数量，期望实现与城市、社区的融合，尊重自然生态环境，成为知识集成创新的引擎，培育创新文化，构建新型现代社区。项目位于杭州市余杭区仓前高教园区内（现杭州城市新中心的西北侧，杭州火车西站东南侧），规划范围东至规划常二路（现聚橙路），南至规划海曙路（现余杭塘路），西至良睦路，北至宣杭铁路南侧防护绿带界线，基地呈规则的矩形，总面积216.51hm^2（图3-111～图3-119）。

2．规划策略——与城市共生的未来理想

从现在看杭州大学城具有优越的地理位置，但在规划设计时，相对主城区比较偏僻，当时的设计目标是建设一座具有高功能复合、高强度开发、高交通可达、高密集活动和高地标形象的大学综合体，满足校内外产学研及各类配套设施的多功能需求，提供多样化服务，成为未来重要的区域性水、陆多种公共交通的换乘枢纽，从而成为片区的核心。同时，作为余杭塘河黄金

图3-111　杭州大学城城市设计总平面图

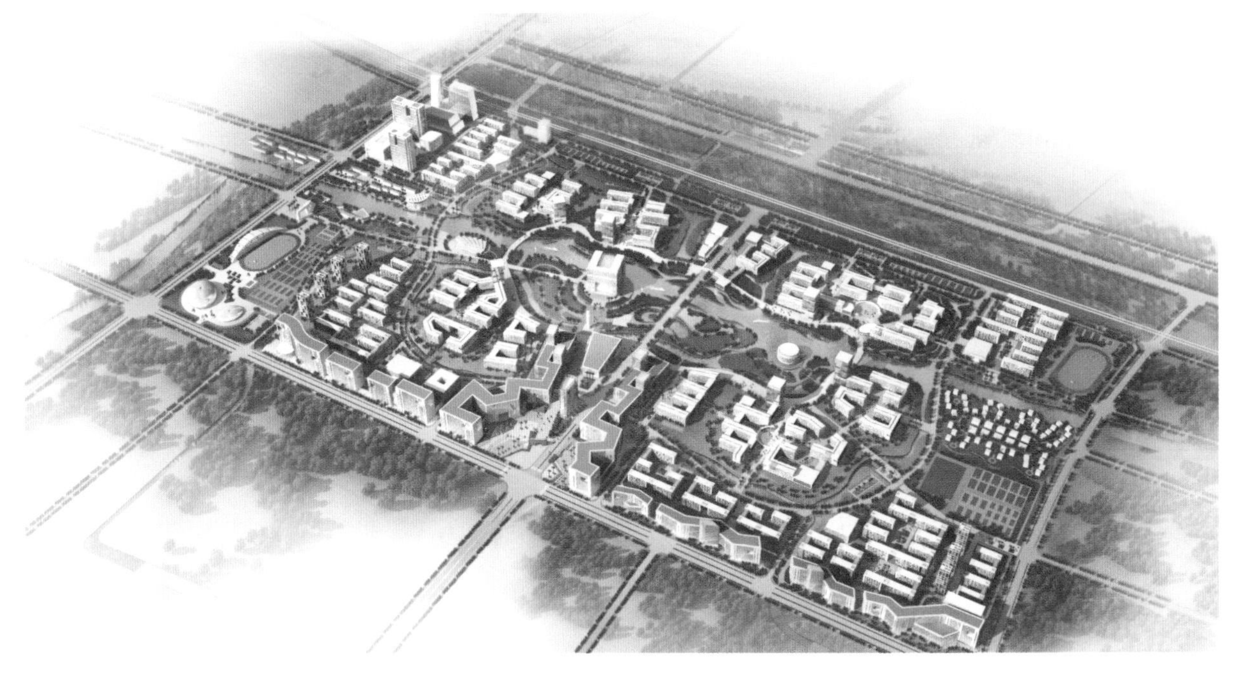

图3-112　杭州大学城城市设计鸟瞰效果图

图3-114　杭州大学城城市设计局部鸟瞰效果图1

图3-113　杭州大学城城市设计局部鸟瞰效果图2

图3-115 杭州大学城城市设计中央景观鸟瞰效果图

图3-116 杭州大学城城市设计广场效果图

图3-117 杭州大学城城市设计中央景观效果

旅游线上的重要节点，将与西侧余杭塘河北岸仓前老街景观风貌形成良好的过渡与衔接，通过深入解读发展功能、交通和景观等方面，实现本区块的全面发展。

3. 构思立意——城园环聚，荷塘书色

引入非均质的圈层结构概念，将城市引入校园核心，形成一个容量巨大的环，其中聚集了大量差异性空间，安排了多种功能，城市和大学在这里相遇，人工与自然在这里交汇，所有“挤压”在一起的差异激发出巨大活力，刺激着交流和思维，巨环成为一条在空间和时间上都无始无终的学习大街，构成大学开放式教育的核心场域。

将“水乡、鱼塘、浮萍”等区域地景元素融入校园，形成极具江南水乡韵味的“荷塘书色”，曲折深邃的湿地脉络，镶嵌其间的浮萍状建筑，有序而又无序，性格各异而又协调统一，构成了校园的不同特色片段，形成了一幅优美的江南水乡画面。

4. 规划结构——一带蜿蜒，一环围绕，二核相映，四轴贯穿，六区融合

规划形成“一带、一环、二核、四轴、六区”的校园空间结构。

一带：以基地中央的余杭塘河为依托，构建东西向的绿色生态走廊，作为校园主要的开敞空间，整合学习、生活、休闲、生态等多种空间。

一环：以中央生态岛为核心，构建共享环，将教学区、办公区、院系区、城市综合体有机连接，实现生态与人文的交融共享，成为主要的城市与学校、学部之间、学院之间、师生之间的交流空间。

二核：包括由图书馆、会议中心、学生活动中心及生态岛等共同构成的校园公共中心，以及由科创研发综合体和入口广场共同构成的城市综合体中心。

四轴：分别为中央景观轴、互动轴、东区和西区两条礼仪景观轴，四条轴线由中心共享环向外围发散。

六区：包括六大功能区：公共绿化区居中，其他五个区域环绕其分布，呈辐射状布局，包括学部教学区、公共教学办公区、生活居住区、体育运动区和城市功能区。

在功能分区方面，方案充分考虑了各种需求，将空间划分

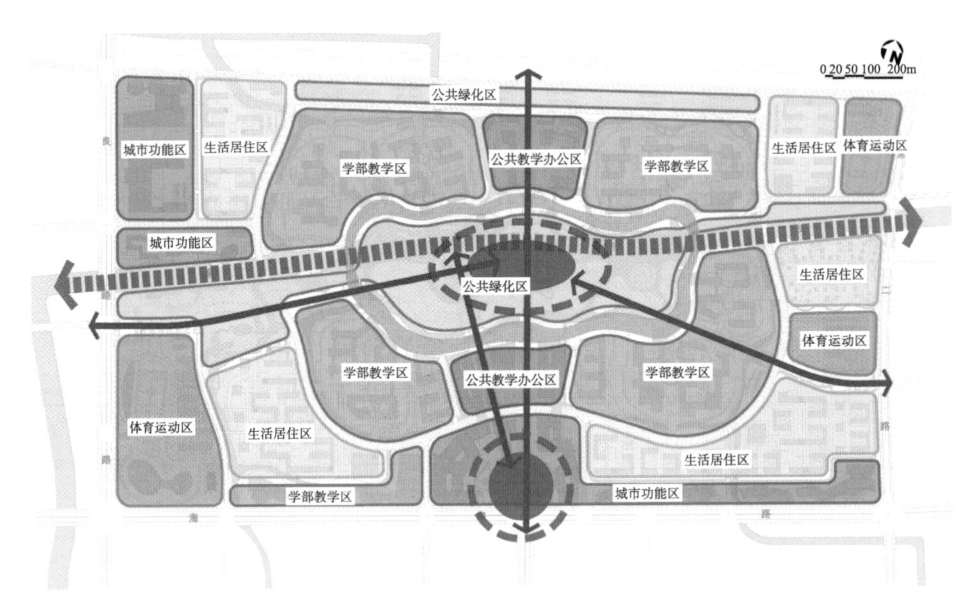

图3-118　杭州大学城城市设计规划结构

❶ 畅远桥　❺ 校训碑　❾ 喷水柱　⓭ 敏行桥　⓱ 自然舞台　㉑ 璇璧园　㉕ 名师堂
❷ 百思墙　❻ 勤思桥　❿ 蕙兰林　⓮ 繁星大道　⓲ 悠悠竹径　㉒ 求是碑　㉖ 沁雅园
❸ 探梅园　❼ 渊铄桥　⓫ 映心台　⓯ 现代雕塑　⓳ 眺望台　㉓ 采菊东篱下　㉗ 水上虹
❹ 覃思亭　❽ 沁芷桥　⓬ 忠义亭　⓰ 曲苑　⓴ 叠泉落瀑　㉔ 林荫绿镜

图3-119　杭州大学城城市设计中央景观平面图

为多个区域。中央生态岛和周围的绿化带构成了公共绿化区，为学生提供了一个宜人的休憩场所；学部教学区以“8+2”的模式布局，确保了教学的有序进行；公共教学办公区则位于中央生态岛南北两侧，满足学校日常办公需求；生活居住区则分布在各学部外侧，方便学生和教职工的生活；体育运动区包括三处，满足学生和教职工的运动需求；城市功能区结合了科创研发、商贸文化等功能，与城市主干道相连接，为学校与城市的互动提供了便利。

通过这样的布局，方案不仅提高了空间的使用效率，也增强了整体的美观性，还充分考虑了学校的教学、生活、运动等需求，与城市功能的结合，展现了其人性化的一面。

5. 建筑形态

在杭州大学城建筑设计中，我们针对当前校园建筑的状况和存在的问题，提出了一些重要的设计理念。集约化的布局使得学科建筑群能够以组团化和网络化的方式进行规划，这样不仅能提高教学设施的集中性和资源共享，还有利于大规模地建设并节约土地资源，且有助于形成校园中心区的环境氛围；重视地域文化的体现，通过提炼和展现地域文化元素，使大学城建筑呈现出独特的风格特征；营造多重交往空间，创造开放的外部空间体系，以提供师生更多层次、更多元化的交往空间；强调生态与智能化的结合，尽可能减少对原有生态环境的破坏，并采用节约能源的设计方式；整合校园资讯系统，为未来新技术设施预留空间，以构建一个网络化、信息化和智能化的大学城。

主要教学建筑立面设计，灵感源于江南地区传统民居的窗扇花格，经过提炼简化，形成独特的设计主题，并广泛应用于各个建筑中，充分展现了江南韵味：图书馆位于校园中心岛屿，设计为正立方体，通过虚实对比，呈现出知识魔方的意象；城市综合体则以巨龙为灵感，与校园肌理相互咬合，高层建筑作为点睛之笔；每个学科综合体均设有景观共享体，高约50m，为师生提供立体交往空间；考虑到江南潮湿的气候特点，学科用房和学生公寓基本采用底层架空设计，使校区景观视线流畅，架空部分也可作为多用途空间，如休闲、咖啡、读书吧和非机动车停放处等。整个项目方案注重江南元素的运用，与地域特色和谐统一。

6. 感受总结

杭州大学城城市设计方案以高交通可达、高密集活动和高地标形象为核心，致力于打造一个充满活力的大学综合体，旨在提升所在地块的城市活力，建成后成为项目片区核心区块，通过交通和景观等方面一体化设计，实现本区块的全面发展。同时，方案还充分考虑了学校的教学、生活、运动等需求，以及与城市功能的结合，展现了其人性化的一面。在建筑设计中，我们注重集约化布局、地域文化体现、生态与智能化结合等方面，为师生创造一个宜人的学习和生活环境。江南元素的运用和独特的建筑立面设计，使得整个项目与地域特色和谐统一。回顾当时的城市设计，我们期望打造出一个具有特色和活力的大学城，为学校和城市的未来发展注入新的动力。至目前，杭州大学城距当时完成规划设计已经过去15年多了，校园的整体规划结构基本得以落实，但西北象限校区由于大规划调整，没能按原城市设计方案实施，导致整个校园空间结构无法像原方案一样完美，不得不说是一种遗憾，欣慰的是在城市设计项目上运用“适建筑”观也取得了不错效果。

二、杭州良渚新城公共空间景观专项规划

项目信息

业 主 单 位：杭州良渚新城管理委员会

设 计 单 位：浙江省建筑设计研究院

项目主持人：许世文

项目负责人：郑　军　胡适人

项目组成员：方　勇　杨梦迪　郭秋萌　张贤都　章明辉　潘　媛　孔维颖

图 片 版 权：浙江省建筑设计研究院

项 目 地 址：杭州市余杭区

设 计 周 期：2018—2019年

占 地 面 积：110km^2

项 目 类 型：景观专项规划

获 奖 情 况：2020年度中国风景园林学会科学技术奖二等奖

1．项目概况

良渚新城位于杭州市余杭区中部，良渚遗址东侧，区域面积约110km²，本次规划针对区域发展不均、功能结构失衡、系统缺乏等区域发展条件和公共空间景观现状问题提炼出“一轴纵贯、四带导入、三环三片、圈层渐变”的公共空间景观规划总体结构，以运河文化遗产和良渚文化遗址为驱动，蓝网绿斑为架构，实现良渚新城生态重心和经济重心的双重对称，通过制订具体的规划方案和行动计划，对公共空间景观进行系统性的引导和管控（图3-120～图3-125）。

2．规划策略——非均衡格局下的均衡发展

1）良渚新城的非均衡现状

（1）生态遗址和新城建设大疏大密

良渚新城基地包括东南部经济重心和西北部生态重心两部分，经济重心发展快速，产业聚集，但绿地景观稀缺，生态重心发展缓慢，绿地充足但开发程度低。如何结合两者优势，减少割裂感，是良渚新城公共景观规划的关键。

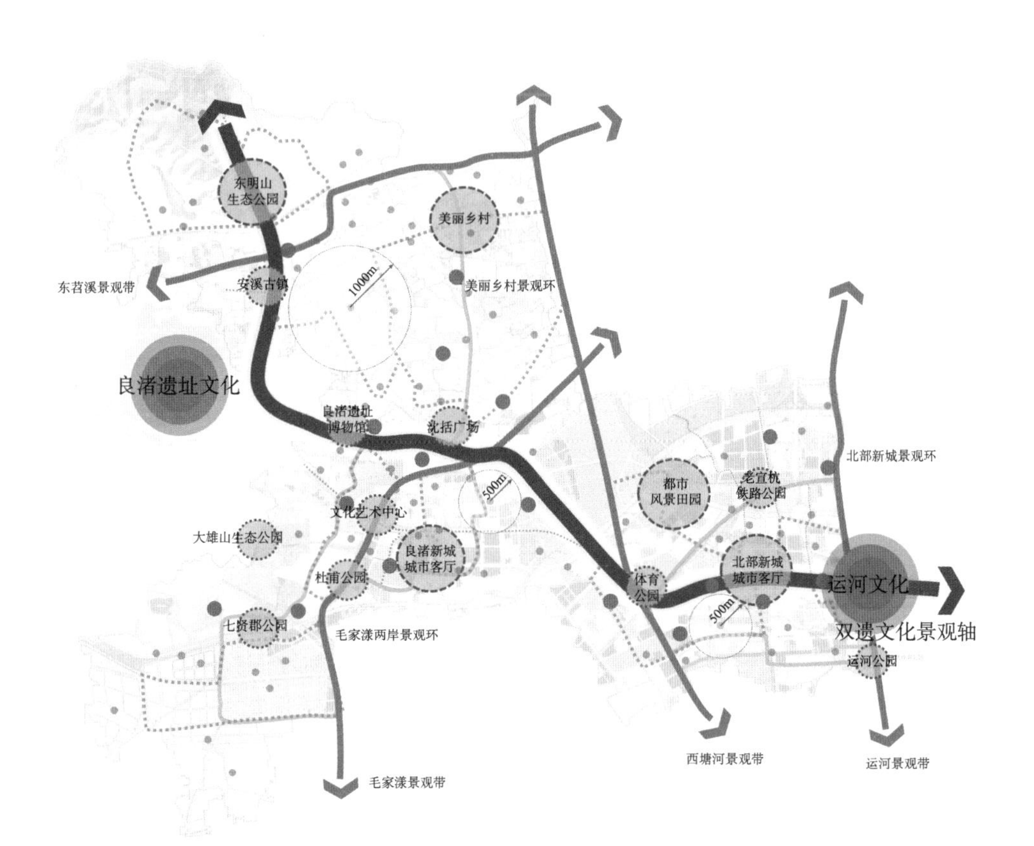

图3-120　公共空间景观总体结构

图3-121　公共空间布局现状

图3-122　生态重心与经济重心统筹发展

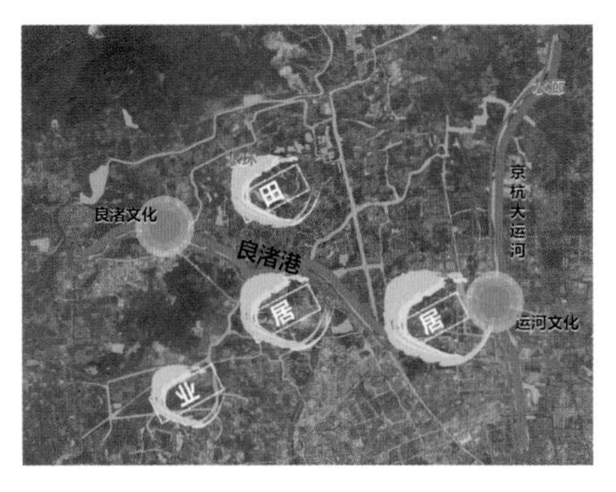

图3-123　良渚新城公共空间景观架构

图3-124　双遗文化景观轴

图3-125　四条特色景观生态带

（2）系统构建不完善

规划初期适逢良渚新城建设刚起步，以居住和工业用地为主，开发有些混乱；工业区绿地景观简单，公共空间零散且缺乏统一规划；现有公共空间以绿地为主，但功能不足、布局不合理；公共空间景观设计多依赖低等级社区资源，缺乏整体区域规划和统一景观等级控制，导致建设合理性存在问题。

（3）与主城区耦合关系不强

良渚新城的水网尚未与主城的水网形成有效的连接，导致缺乏独特的线性景观空间，主要道路多用于连接主城的交通通道，沿线景观欠缺美观，无法形成宜人的景观大道。总体而言，良渚新城的线性空间与主城区的联系较弱。

2）针对现状采取的均衡发展策略

（1）展示不同圈层的空间景观特性

良渚新城公共空间景观规划强调生态与都市生活的融合，注重高品质景观体验，旨在保护和利用生态遗址，确保新城建设的合理密度和发展空间。

（2）高密度开发与生态保护的最佳耦合

规划通过合理布局和设计，实现生态保护与城市发展的协调，平衡不同需求，保障生态环境的可持续性。

（3）构建系统性的景观总体构架

良渚新城公共空间景观规划构建点、线、面三个层次的构架，突出双遗文化的景观价值。规划依托水系，串联双遗文化，明确了肌理分区特色，串联活力中心，营造了具有特色的公共空间景观。

（4）以双遗文化为抓手

利用良渚和大运河的文化价值作为景观支撑，通过水环实现水与生活的联系；注重产业引导，打造层次分明、功能互补的产业生态圈；挖掘文人故居，将生态空间融入城市景观，实现良渚新城的均衡发展。

3．规划理念——文化自信·双遗加持

双遗文化的保护和传承可以成为区域发展的导向，引导城市在不同区域实现均衡发展。将双遗文化纳入城市规划和发展战略，打造不同特色和功能的发展模式，如良渚文化的景观主导定位和大运河的文旅商贸休闲水岸，都

能促进文化产业的发展，吸引人才和资金流入，实现经济均衡增长。同时，双遗文化能塑造城市公共空间，提升城市文化品位和吸引力。

1）以双遗文化主导公共空间景观

以良渚文化遗址和京杭大运河两大历史文化遗产为核心，将双遗文化融入公共空间景观设计，以提升文化内涵和吸引力，这不仅保护并传承了历史文化遗产，还为城市增添了独特的历史文化氛围。

保护、修缮和合理利用良渚文化遗址和京杭大运河等历史文化遗产，作为公共空间的重要组成部分：在景观设计中，充分考虑其位置、布局和特色，以凸显历史文化价值和魅力；注重双遗文化的传承和发展，传达双遗文化的核心理念和价值观，鼓励公共空间中的双遗文化创新活动，以促进双遗文化在当代社会的更好传承和弘扬。

2）双遗文化场所作为公共空间景观载体

杭州良渚新城的规划中，公共空间景观载体占据重要地位。它不仅是景观展示的工具，更融合了文化资源、产业发展和生活空间，创造出具有文化内涵和多样化功能的城市景观空间。这一载体丰富了城市景观，将双遗文化融入其中，为城市增添了独特的历史文化氛围。

通过“文化+”策略，主导文化被推广到产业、生活和生态等多个领域，形成多元化的空间载体：包括文创产业、工业设计、农业园等产业空间，以及社区公园、街角广场等生活空间；利用现有生态资源，如山体、农田、湿地等，构建生态绿廊，与城市公共空间景观体系相结合，形成可持续发展的公共空间景观载体；保留、发展和利用文化场所，使其成为区域最重要的公共空间景观载体，为城市发展注入新活力。

3）双遗文化的景观控制手段

针对运河文化遗址预留视线通廊，控制双遗文化的景观视线：良渚文化遗址则在此基础上，从中心向外扩散出遗址保护区、建设控制地带、环境控制区三个地理景观控制单元；在遗址区内修复历史河道与湿地，展示遗址地貌和格局；在建设控制地带中，以文创和旅游为主要产业，加速外围城镇化建设；在环境控制区，控制城市建设对山体、水源和遗址景观的破坏和污染。

4．规划结构——点线面结合展示圈层渐变

良渚新城公共空间景观专项规划采用了“一轴纵贯、四带导入、三环三片、圈层渐变”的结构，展示了不同圈层的景观特点，加强了新城的各部分联系，并统筹了城乡遗址和新城建设：一轴指的是京杭大运河文化遗产和良渚遗址景观轴，串联了两大文化场所，并反映了多样的公共空间景观特

征；“三环三片”指的是北部新城景观环、毛家漾两岸景观环和美丽乡村景观环，以及对应的都市生活景观片、“半城半田”景观片和乡村景观片；四带是特色景观带，包括运河、西塘河、毛家漾港-良渚港和东苕溪景观带，融合了生态景观和城市的公共空间。通过构建点-线-面的公共空间构架，突出了双遗文化的景观核心价值，并实现了新城与区域生态的景观融合，营造了宜居、宜游、宜业的公共空间环境。

5．空间架构——蓝网绿斑

蓝网是城市中的水系网络，包括河流、湖泊等，是城市的生态脉络和自然风景线。在杭州良渚新城公共空间景观规划中，蓝网被视为连接城市各区域的重要元素，利用原有水系实现环通，增强景观连续性。绿斑是城市中的绿地系统，包括公园、绿化带等，为城市居民提供休闲空间。将蓝网绿斑结合，构建生态网络和绿色节点，提升城市生态环境和景观质量。这种空间架构提高了城市的生态适应性和韧性，为可持续发展奠定了基础。

杭州市良渚新城公共空间景观专项规划采用“蓝网绿斑”布局方案，通过水廊和水环实现文化连接和生活联系，增强公共空间景观连续性，串联经济重心和生态重心，实现物质和生态双重对称。该空间架构通过合理规划和布局，形成有机连接的系统，提供休闲娱乐空间，促进城市可持续发展。

6．感受总结

本次规划以文化为核心，将其作为引领城市发展的动力：通过充分挖掘和利用区域的文化特征和自然生态特征，使公共空间景观更具魅力和吸引力；强调“圈层展示”的空间属性，通过合理布局和设计，展现出不同层次和功能的公共空间，使城市空间更加立体、丰富；景观规划将生态保护和恢复作为重要的考虑因素，强调生态为本的景观属性；着眼于人们对自然的向往和追求，强调“回归田园”的生活属性；强调“品质共享”的社会属性，意味着公共空间景观的建设要考虑到不同群体的需求和利益，实现城市资源的公平分配和共享。本次规划创新强调文化驱动的规划路径；体系创新构建了一套全新的规划体系；成果创新摒弃了以往的“空+虚”的目标，注重规划的实施和落地，真正为城市发展提供了切实可行的指导。本次规划的最后成果评审过程中获得了各方的一致好评，是“适建筑”理念在规划设计领域中一次重要实践。

三、湖州荻港村国家级“美丽宜居”示范村村庄规划与设计

项目信息

业 主 单 位： 湖州市南浔区和孚镇人民政府

设 计 单 位： 浙江省建筑设计研究院

项目主持人： 许世文 郑 军

设 计 团 队： 张贤都 陈 杨 王宏伟 李文昕 陈舒一郎 胡适人 叶 欣 章明辉 朱 永 王梦璐 张 恺 胡少华 刘 星

图 片 版 权： 浙江省建筑设计研究院

项 目 地 址： 湖州市南浔区荻港村

规 划 面 积： 626.98hm^2

设 计 时 间： 2016— 2018年

项 目 类 型： 乡村规划

获 奖 情 况： 浙江省优秀城乡规划设计奖（2019年省优一等奖）

1．项目概况

荻港村位于杭嘉湖平原，村庄用地面积约为6.27km^2，村域主要由水域和园地构成，村庄建成区位于西南角的荻港村庄集聚区，包含四个自然村，其他三个自然村散落在东侧的桑基鱼塘区域。按照国家级美丽宜居示范村建设的有关要求，以优先改善农民生产生活条件为原则，以促进农村转型发展为目标，强化村庄特色亮点，打造宜游、宜居、宜业、宜文的诗画江南水乡典范，从而编制荻港村“美丽宜居”村庄规划与设计（图3-126～图3-131）。

2．规划愿景——片区合谋，融入“丝绸小镇”

1）“两片三点”发展格局

创新“两片三点”概念，在吴兴区西山漾片区和南浔区荻港片区基础

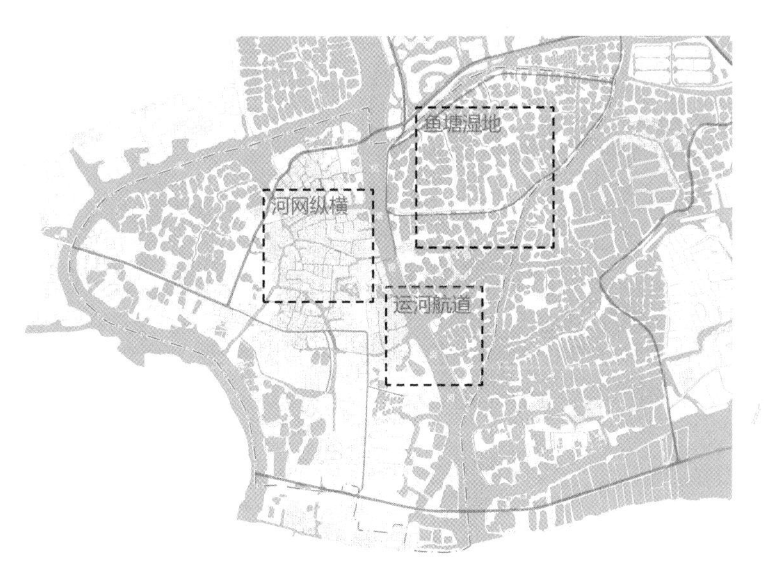

图3-126　湖州荻港村“河港水巷”景观格局

图3-127　湖州荻港村村域空间发展规划图

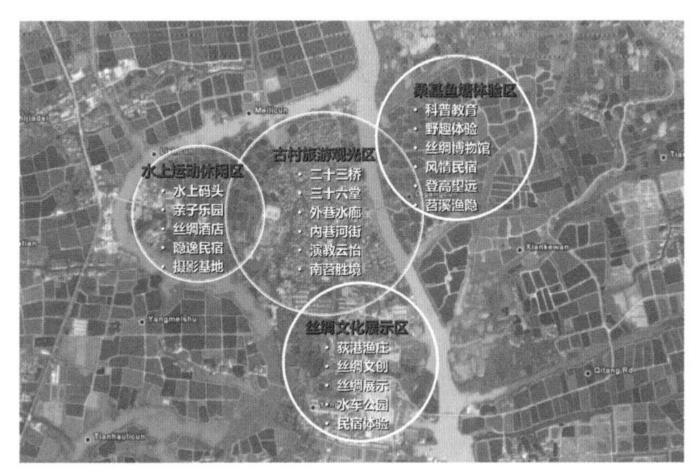

图3-128　湖州荻港村文旅体验分区引导图

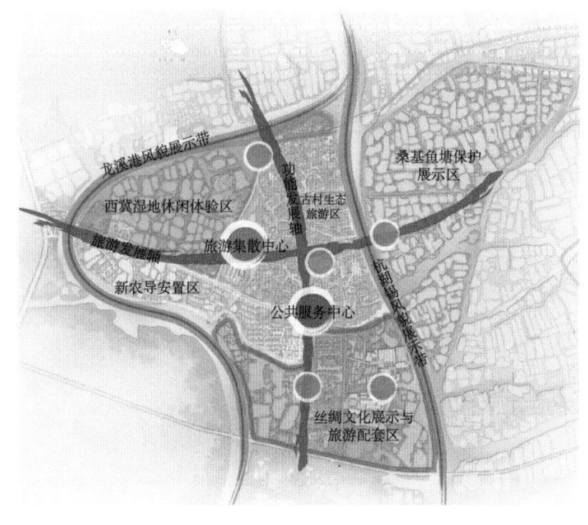

图3-129　湖州荻港村规划结构图

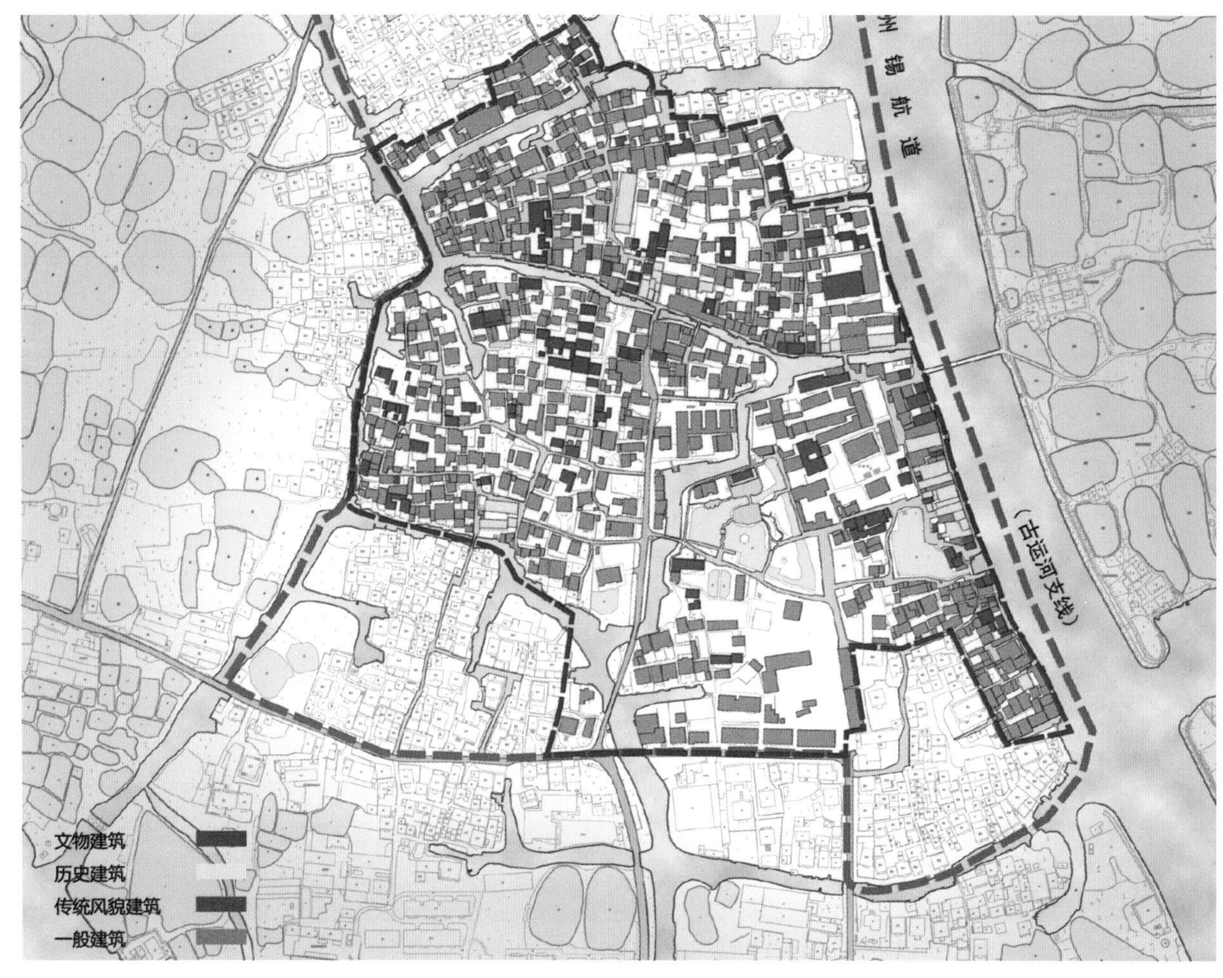

图3-130　湖州荻港村核心保护区建筑风貌分析图

图3-131　湖州荻港村鸟瞰效果图

上，充实“钱山漾遗址”“丝绸之路工业园”“南浔古镇丝业会馆”元素，推动丝绸小镇整体性、错位化发展。

2）协同开发

功能互补，西山漾以时尚、动、秀为主，荻港以传统、静、野为主，二者错位发展，从区域上构建以时间脉络为线索，集动静结合、时尚与传统并存的丝绸文化体验区；差异化竞争，加强绝版古村、桑基鱼塘、崇文尚礼的特点；加强交通联系，水陆并进，打造丝绸大道，引入水上巴士，构建多样化交通廊道，加强交通联系。

3．规划目标——多规合一，“一张图”管理

荻港近几年经历了多次规划修编，相互之间也存在冲突与矛盾。需通过本次美丽宜居示范村规划，进行统筹整合，协调各方面利益，努力实现“一张图”管理。统筹城乡规划、土地利用规划、生态环境保护规划等多个规划，严控三区四线，将基础设施、公共服务设施、重大项目用地与历史文化保护范围落实在一张蓝图上；针对荻港村庄规划，结合村庄现状建设与发展需求，以丝绸小镇发展为契机，实施评价，协调各方面利益，并预留发展用地，合理制定土地利用规划。

4．规划理念——适度开发，保护优先

1）梳理保护要素，明确保护目标

保护要素包括形成荻港历史文化名村特色的物质要素和非物质要素两个方面。主要有保护桑基鱼塘传统风貌区；保护历史文化名村内的街巷、水系构成的历史空间结构和肌理；保护古建、寺庙、古井、河流、古街巷一体的历史风貌；保护文物建筑和历史建筑；保护古村内部水渠、道路铺装、古井、古树及古村周边的桑基鱼塘、运河水系等自然环境和历史环境要素；保护历史文化名村内传统艺术、文化节庆和历史文化内涵，注重延续古村原有的浓郁民俗风情和同宗氏族聚居的生活氛围等。

2）在保护基础上改善村庄环境

本次规划在保护古村的基础上，重点提出对公共设施、交通设施、基础设施的改善措施，将保护的内容与居民生活环境改善结合起来，促进社会协调发展。村庄整体分区分级保护：核心保护区位于运河西侧与小市河南北两侧，历史建筑集中区保持原空间尺度，加强维修文物保护单位、历史建筑和传统民居，抢救濒临损毁的建筑，保留古井、树木、特色庭院、空间，改造不符合风貌的建筑，拆除违章、搭建的建筑；建设控制地带在核心保护区外围，严格控制建筑物性质、体量、高度、色彩和形式，与文保单位一致，不符合要求的新旧建筑，近期改造外观和色彩，远期搬迁拆除；环境协调区是

古村规划中除核心保护区和建设控制区外的区域，起着过渡和协调作用，建筑需展现荻港传统特点，临水跌落，以灰白色为主色调，采用黑灰色屋顶，两坡顶形式，多用木质材料，体量适宜。

3）科学规划，永续利用

研究确定历史文化遗产的保护措施与利用途径，充分体现历史文化遗产的历史、科学和艺术价值，并对历史文化遗产利用的方式和强度提出要求。本次规划在制定历史文化遗产保护措施的基础上，通过找出来-保下来-亮出来-串起来等多元方式和手段，把历史文化遗产的历史、科学、艺术价值展现出来，做到科学规划、永续利用。

5. 规划结构——统筹资源，合理布局

1）景村共融，一三产联动发展

规划通过对自然资源、人文资源的挖掘，围绕桑基鱼塘、丝绸文化、运河文化，形成以桑基鱼塘、古村为主题的休闲农业，与旅游产业、文创产业有机融合，形成景村共融、一三产联动的产业发展模式。根据丝绸小镇规划要求和村-景区联动发展需求，将山、水特色旅游资源与项目策划相结合，村庄发展共形成九大产业片区，即凤凰洲旅游综合区、桑基鱼塘核心保护区、青鱼养殖示范区、草鱼养殖示范区、特色古村保护区、水乡风貌展示区、新村建设拓展区、丝绸文创园区及休闲度假区。

2）“两心、两带、两轴、五片区”的规划结构

依据现有资源及产业布局划分规划结构：两心即旅游集散中心和公共服务中心，分别位于两条发展轴上；两带即龙溪港风貌展示带和杭湖锡风貌展示带；两轴即功能发展轴与旅游发展轴，串联各核心节点；五片区根据产业发展划定，即古村生态旅游区、西翼湿地休闲体验区、桑基鱼塘保护展示区、丝绸文化展示与旅游配套区、新农居安置区。

3）虚实相应、古新交融的空间格局

整体虚实相应、古新交融，形成“水-塘-田-村”和谐共生的空间格局，构成了荻港水乡独具特色的景观风貌：虚为生态基底，即桑基鱼塘，奠定了荻港村良好的自然生态本底；实为古村风貌，即现状古村建筑。

6. 风貌规划——建筑有机，融于环境

1）建筑布局：灵活有机，延续传统肌理

由于地理环境陆少水多，传统民居布局十分紧凑，建筑走向受到水系影响较大：普通民宅以街巷衔接，院落不规整；濒临河道的民居则有明显“一水一街”式的布局特色，相互毗连。同时，由于当地历史上为官、考取贡生名人较多，官样住居对当地民居产生较大影响，这部分民居布局强调院落布

局，有三合、四合多种院落形态：新建建筑布局应延续传统聚落的肌理，例如新农居安置区，规划在原方案的基础上提取水乡元素、湿地肌理，进行适当的抽象化处理，形成新的更加契合整体村落氛围的农居安置方案。

2）建筑形式：浙苏交汇，和合共融

不论是改造、修缮还是新建建筑，其风格应与村内传统民居相呼应：荻港村临近苏浙交界处，其建筑特点既具浙派民居轻盈质朴的特色，又吸取了苏式园林建筑端庄雅致的构型特点，尤其以运河沿线和村中明清古宅最具代表性。以岘壳湾农居提升改造为例，在现状建设设计上沿用传统民居的山墙元素并且区别于传统的徽派封火山墙，形成自己的当地特色；新建建筑同样提取传统元素，并进行简化优化。

3）景观环境：古朴雅致，凸显文化

规划针对重点公共开敞空间进行景观提升，多为临水开敞空间，景观设计与水乡环境及徽派建筑相呼应，古朴雅致。里巷埭烟雨楼及洲头绿地改造，是荻港十分重要的景观节点；沿河设计小型铺地并结合亭廊空间，具有休闲和观光功能，西边布置小型茶室，让人有片刻的放松；当人们坐在亭廊里，北边可观赏里巷埭风情，东面可观赏外巷埭和运河风光，荻港的古镇精华尽收眼底。

7．感受总结

荻港村国家级“美丽宜居”示范村村庄规划设计是“适建筑”理论在美丽乡村规划层面的一次实践，研究内容包括：片区整合谋划联动发展、村庄保护与开发相协调、资源潜力发掘、合理空间结构布局研究、新建建筑与传统肌理融合、单体建筑改造修缮、新建建筑样式研究，均与环境相契合，传承了传统文化。荻港村作为第三批国家级美丽宜居示范村之一，按照国家相关要求及浙江省新导则进行规划编制，其成果对中国及浙江省其他村庄具有指导示范意义。

四、杭州城市新中心核心区城市设计

项目信息

业 主 单 位：杭州未来科技城管委会、杭州市规划和自然资源局余杭分局

设 计 单 位：浙江省建筑设计研究院、B+H建筑设计事务所

中方设计主持人：许世文　郑　军

中方设计人员：胡适人　王宏伟　章明辉　方　勇　杨梦迪　蔡文婷
吴佩璟　王子鹏　潘　媛　孔维颖　张贤都　吴全玮

项 目 地 址：杭州市余杭区

用 地 面 积：4.5km^2

设 计 周 期：2013—2024年

项 目 类 型：城市设计

获 奖 情 况：2013年版城市设计方案获国际征集专家评审第一名
2018年版城市设计方案获国际征集专家评审第一名中标，
并获2019年度浙江省优秀城乡规划设计二等奖

1．项目背景

杭州城市新中心核心区位于杭州西部、杭州城西科创大走廊中部，规划用地面积35km^2，核心岛约1km^2。从2012年开始，从最开始定位为杭州未来科技城的城市绿心，到现在升级成为杭州市的城市新中心核心区，经过多轮规划调整，我们有幸多次参与此地块的城市设计。2012年，杭州未来科技城被中组部、国务院国资委确定为四个人才基地和未来科技城之一，区块发展迎来了前所未有的机遇，随着未来科技城的能级不断提升，城市设计方案同时持续深化，2022年2月新一轮杭州市国土空间规划明确提出“三核八副”的空间规划格局：“三核”代表着三个市级中心，分别是武林和湖滨地区，钱江新城（奥体博览城、钱江世纪城），云城和未来科技城（南湖科学中心）。十年里，项目经历了从城绿“平衡”再到创新导向下兼顾空间品质与效率的迭代升级（图3-132～图3-139）。

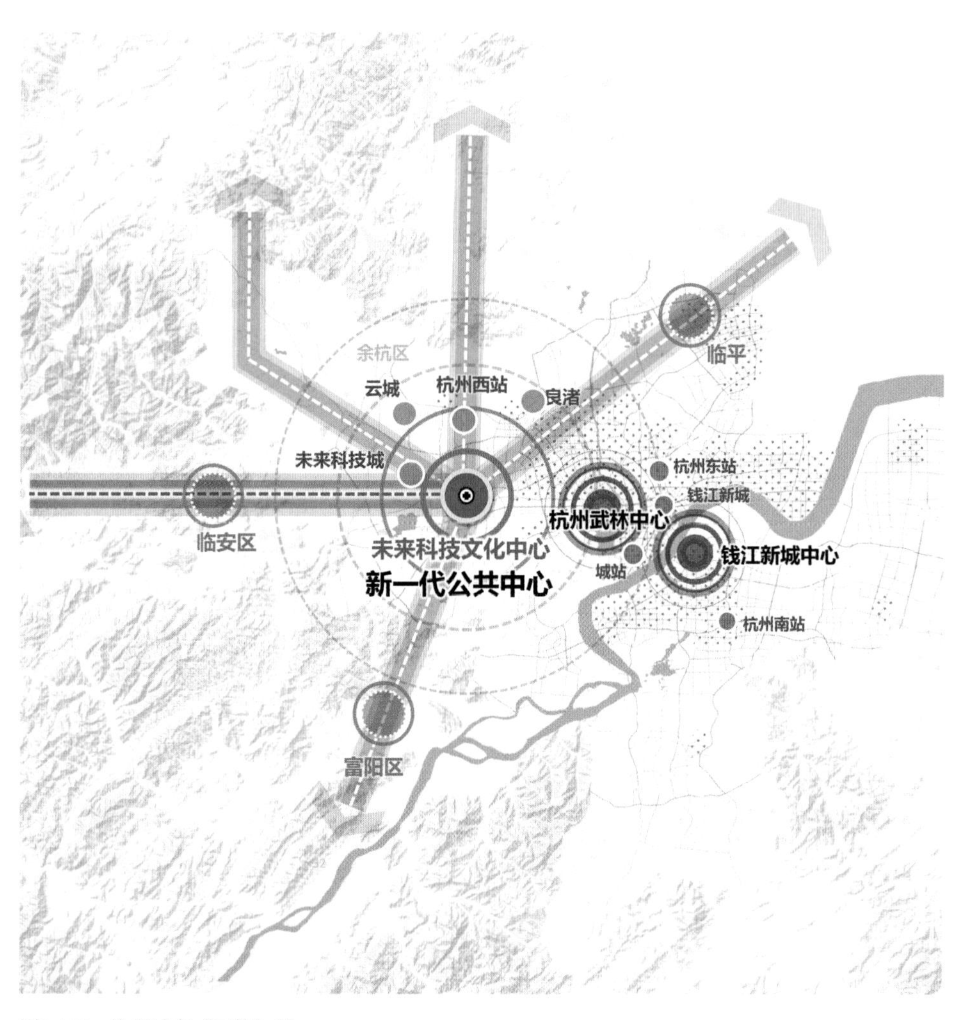

图3-132　杭州城市“三核”图

杭州未来科技城“城市绿心”
城市设计方案

2013年/专家评审第一名
浙江省建筑设计研究院

杭州未来科技文化中心
城市设计方案

2018年/中标方案
浙江省建筑设计研究院、B+H建筑设计事务所

杭州未来科技文化中心
城市设计方案

2021年/业主委托
浙江省建筑设计研究院

图3-133　杭州城市新中心核心区城市设计的“适变”过程

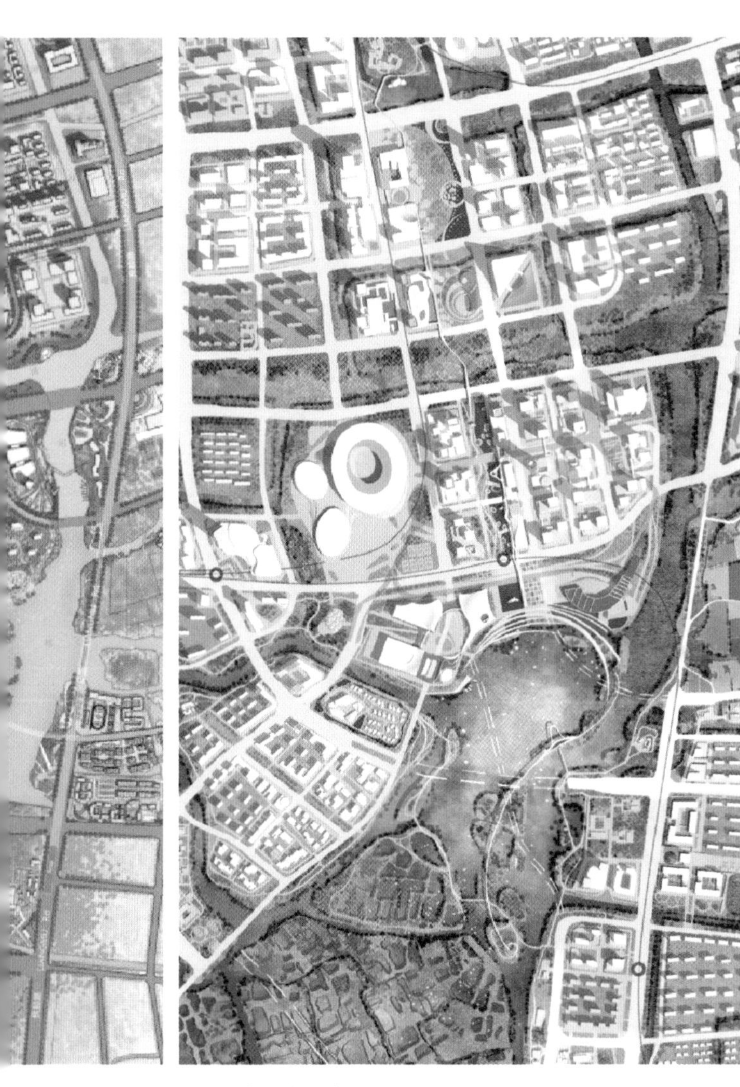

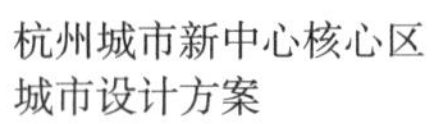

杭州城市新中心核心区
城市设计方案

2023年/过程方案
杭州市规划设计研究院、浙江省城乡规划设计研究院
浙江省建筑设计研究院参与

杭州城市新中心核心区（中轴线）
实施性城市设计

2023年/中标方案
Foster+Partners
（图片来源：杭州发布）

图3-134　2018年版城市设计鸟瞰图1

图3-135　2013年版城市设计鸟瞰图

图3-136　2018年版城市设计鸟瞰图2

图3-137　2021年版城市设计鸟瞰图

图3-138　2023年版城市设计鸟瞰图1

图3-139　2023年版城市设计鸟瞰图2（图片来源：杭州发布）

2. 城市绿心——无界共生、玉带环腰、湿地青袭（2013年版城市设计）

未来科技城之前的相关规划确定了“湿地公园”的发展思路。由于采用了“最小干扰、生态优先”的发展原则，造成基地侧重旅游服务功能，开发规模受限，城市服务功能缺失，且相关规划对地区的研究欠深入，定位不明确，造成空间价值未得到充分体现。因此，基地的发展思路亟待调整，确定未来科技城以湿地为核心，构筑未来科技城的生态核心、服务核心，形成城市与湿地良性互动的空间格局，这给该地块的发展提供了新的机遇和挑战。

2013年版城市设计以“城·无界”为核心理念，创造集商业、办公、文化、教育、休闲、旅游、生态等多元复合功能于一体的“城市绿心”，期望将未来科技城打造成一个“山-水-城”交融、极富湿地特色的生态智慧城市。

1）无界共生——城市与湿地的交融

打破城市与湿地之间生硬的界面，在空间上引导湿地肌理向城市蔓延，城市用地向湿地渗透，通过“岛”状用地肌理，作为城市与湿地间的过渡和缓冲，从而形成城水交融的空间格局；在“城市-岛-湿地”场地关系的基础上通过密度分级的开发控制，加强湿地休闲旅游功能与城市公共服务功能的互动，构建城水共生、栖水而居的生活场景。

2）玉带环腰——功能活力带的构筑

强化中心片区与周边城市片区的功能联系，对原规划路网进行优化，通过两条环状道路加强中心片区与五常片区的交通联系，沿线整合商务商业、科研办公、休闲游憩与文化创意功能，构建功能活力带，从而实现城市与湿地功能的跨界整合。

3）湿地青袭——特色绿道网的构建

为打破现状湿地与城市的固化边界，采取“破界-揉碎-重构-融合”的手段，将湿地向城市“青袭”，并依托主要水系绿廊，打造100～160m宽的绿道网络体系，两侧布置“生态碗”水处理设施，融入多种主题活动，将人的活动在连续的绿色空间中展开，形成独特的湿地城市运行系统。

3. 城市公共中心——未来梦想城市客厅（2018、2021、2023年版城市设计）

2018年版城市设计提出打造杭州未来科技文化中心，是定位于杭州“新一代城市公共中心”。城市层面，是引领杭州向创新型国际城市转变的战略引擎要地；区域层面，是杭州一路向西、吸引创新要素快速集聚的公共服务枢纽；人居层面，是带动城西从生产创新向生活创新转型的重要支点；特色层面，是打造创新地区“新一代城市公共中心”的示范样本。

2018年版城市设计需重点解决上版城市设计的三大核心矛盾：孤岛用地形态与大交通流量承载的不相匹配；轨道换乘枢纽与核心岛的空间错位；以及快速交通路网疏解对地面公共活力的割裂阻碍。

设计基于核心矛盾，提出创新地区“城市中心 3.0”构建的四大核心策略：

（1）大中心：功能不再集聚于容量有限的单个板块，而是向区域共融、板块联动发展，实现能级全面提升。

（2）大公园：构建网络铺展的公园体系，实现生态空间从分割独立向融合开放的全面更新。

（3）大TOD：打破道路先行的常规设计手法，以TOD为核心，实现公交导向和慢行导向的全面落实。

（4）大共享：坚持设施共享、空间共享和价值共享，实现三生边界的全面拓展。

由此，我们构建国际风范、精英品位、大众共享的“未来城市梦想客厅”，创造一个融汇蓝绿生态、凝聚城市活力、集聚优质服务、展现科技特色、彰显文化魅力的“城市中心 3.0”。

目标定位

2018年版城市设计期望总体上形成“一主两副，横带纵谷，放射绿环，拥抱蓝湾”的规划结构，并通过“一湾·半岛”的形态特征，塑造紧凑互联、蓝湾水趣、智汇立体的“城市中心 3.0”。

（1）紧凑互联城：一个高度融合的城市活力中心。明确发展公共服务功能，与高铁新城、CBD等板块形成错位互补，并依托交通生态的支撑，总体形成“3+4+6+X”的功能布局体系。

（2）蓝湾水趣城：一个独具特色的滨水生态新城。把握区域“绿脊之侧、西溪之上”的生态特征，发挥基地在两片湿地中的节点铆合作用，筑港挖湖，理水为岛，引导城市创新活动与生态湿地环境的空间蔓延、渗透。同时，在 120° 广角视野的湿地景观面，构建出一个最具特色的滨水活力湾区，成为点睛之笔。

（3）智汇立体城：一个践行绿色智慧的立体都会。规划构建3个换乘枢纽、1条中运量公交线、1条穿梭巴士环线、4 个公交长廊的通勤网络，联合共享单车和水上巴士，形成精明智能交通体系，并在合理组织交通疏散的前提下，打造“行走中的城市”。

2021年版和2023年版城市设计在2018年版城市设计的基础上，对中轴线的空间形态和建筑容量作出了优化和调整，使得中轴的城市空间更加有机变化而且有趣味。至此，杭州城市新中心核心区的中轴线基本成形。

4．适变第三中心——新中心的“传承·融合·创新”

2023年，杭州市新中心核心区城市设计国际方案征集，Foster+Partners在原2023年版城市设计方案构架基础上，提出“复合之城·自然之城·互联之城”为主题的设计方案，通过一条中轴线连接五个区域，从中央公园开始，穿过图书馆和学习中心的峡谷，到镜湖商业区，跨运河至科创园区，经过水街创新大楼，最后到达文化园区，以观景台作为结束点。

5．感受总结

在杭州城市新中心核心区的城市设计历程中，体现了不同时期的发展策略和思考。这些城市设计方案不仅反映了当时的城市发展定位和政策导向，而且在这个进程中，我们始终秉承“适建筑”观，坚持将地域文化的传承放在首位，将城市空间和景观不断地融入城市发展需求，人们的生活方式也在不断随着城市的发展而完善以符合时代需求。

1）文化传承

城市设计过程漫长，但始终充分考虑文化传承，使得此区域中心不仅具有现代化城市的风貌，还延续了良渚文化与运河文化，成为这两种千年文明的交汇点，在2023年版城市设计中提出的千年发展轴彰显了深厚的历史底蕴。良渚遗址的发现，为研究中国史前文明提供了宝贵的实物资料，进一步证明了中华文明的悠久历史和丰富内涵，在这里，见证了中华文明的起源和发展，是中国乃至世界文明史上的重要篇章。同时，余杭塘河作为杭州城市发展史的重要见证，也承载着杭城人民共同的历史记忆，在这里，正成为杭州新的文化高地，让千年历史轴线焕发出崭新的生机与活力。

2）景致融合

城市景致和自然山水的不断融合也是杭州城市新中心核心区各个版本城市设计的一个重要特点。考虑到此区域自然环境、人文景观和城市建筑的和谐统一，形成两山环绕、六水织补的山水格局，基地处在天目山东麓和千里岗山脉余脉共同组成的半包围生态屏障之中，周边有大径山、午潮山、闲林郊野公园等，并且有城市绿道穿越基地西侧而过，整体区域生态环境、资源条件优越。基地内部河道纵横交错，水系十分发达，有闲林港、何过港、林场港、梧桐港等多个河港，其中闲林港具有通航功能，周边为闲林湿地和五常湿地，具有独特的水乡肌理。回顾各个版本的城市设计，都从大的范围考虑这些自然景观和城市空间的融合。

3）生活创新

杭州城市新中心的城市设计关注了人们生活方式的创新完善。宜人的居住环境，不仅是住所，更是心灵的港湾；繁华的商业氛围，需满足居民的多元化需求，可以提升城市的活力与魅力；诗意栖息之地，则是人们心灵的寄托。

（1）宜人的居住环境

宜游宜居的城市环境、完善的公共服务设施、对全龄友好的社区规划以及充满人文关怀的街道设计，都是创新生活方式的关键要素。通过营造一个宜居的环境，能够让人们在繁忙的生活中感受到温暖与舒适，从而更好地享受生活。

（2）繁华的商业氛围

商业氛围的打造也是创新生活的重要组成部分。多元化的商业业态、充满活力的市场和创新的企业文化，能够为人们提供丰富的消费选择和良好的购物体验。

（3）诗意的栖居之地

诗意栖居突出生态环境的保护和人文艺术的发展。生态栖居，让人们在自然与城市的交融中感受到宁静与和谐；浓厚的人文气息，为人们提供丰富的精神滋养；艺术创造的繁荣，则能满足人们对于美的追求和表达。

回顾杭州城市新中心核心区在城市设计层面上的发展成长，感慨万千。从2013年第一次刚刚接受城市设计竞赛时，城市在这片土地上的发展才刚刚开启快速成长模式，当时没有高楼大厦，到处都是原生态湿地，到现在杭州城市新中心地位的确立，一晃已经过去10多年了。现在在这片土地上，高楼林立，一个个具有城市中心功能的公共建筑正在按规划的蓝图逐步在千年中轴线上徐徐展开建设，令人欣慰的是“适建筑”观也为这个杭州市城市新中心的成长发展作出了一份贡献。

第三节　小结

本篇介绍了“适建筑”思想支持下的设计实践项目。这些实践项目均呈现出独特的设计理念，以实现与环境融合、传承创新以及技术适宜为目标，给“适建筑”设计思想的不断完善提供重要实践经验。

在建筑类项目设计过程中，“适建筑”观提倡对项目周围环境进行深入调研和分析，使设计适应周边环境、合理满足功能需求、延续地域文脉并运用适宜技术和材料，在合情合理的基础上，进一步适度创新，力求表意传神、彰显个性；在规划及城市设计项目中，“适建筑”观不仅关注建筑本身，还从更广阔的视角去探索城市规划、城市空间、城市生态、城市景观等多个领域，主张通过综合考量与宏观分析，使得区域规划结构合理、城市空间充满活力、生态环境更加优美、城市建设更加适应社会需求和变化。

第四篇

悟

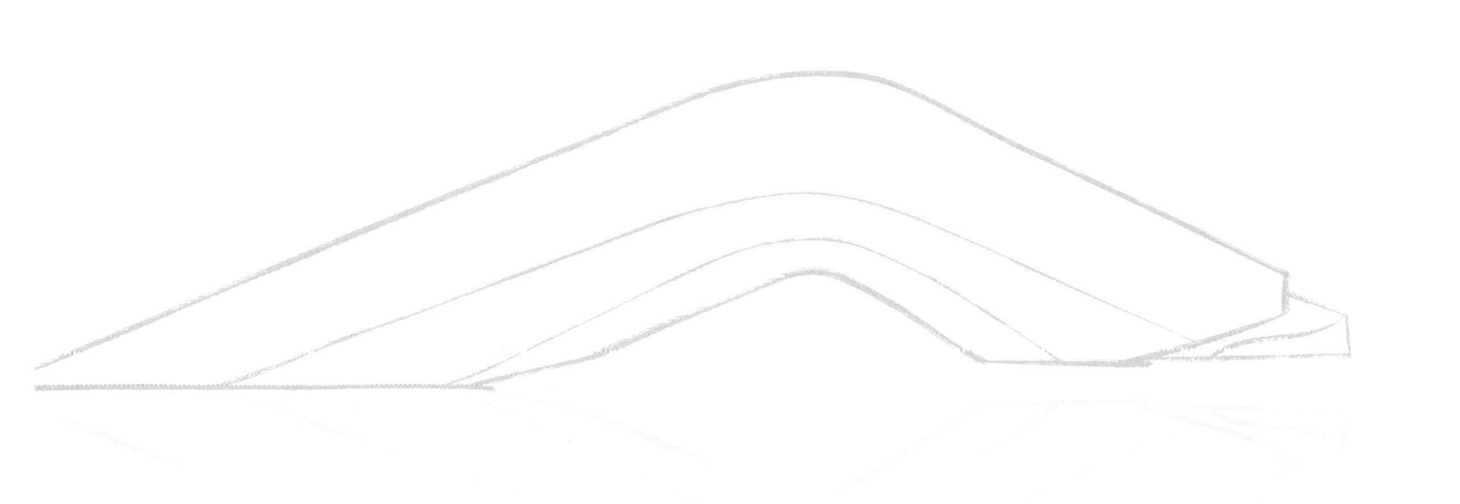

第一节 “适建筑”之源

“适建筑”观念的形成，源自作者长期的专业研习与实践经验的积累与提炼，其思想渊源可追溯至向建筑界前辈们的深入学习过程，同时与众多同行建筑师的广泛交流探讨，在这些过程中获取的思想营养和实践感悟为“适建筑”观的形成奠定了坚实基础，并为其后续发展提供了宝贵的启示。

一、清华学堂——严谨学风

回想在清华大学建筑系学习期间，可以说清华老一辈学者和老师的渊博学识和严谨学风是“适建筑观”形成的最初源泉。在清华良好的学术氛围中，接触到了建筑专业前沿的理论知识，并从他们身上感受到了严谨的治学态度和独立的创新精神。

清华建筑系创建离不开梁思成、林徽因两位先生的贡献，他们的事业心、社会责任感、强烈民族自尊心以及以理服人的民主作风和科学态度都令我深感敬仰。正是他们的这些学术思想和精神，一代又一代地传承下来，感染着后辈学子在建筑专业的道路上不断前行，其中以下一些学者和理论对“适建筑”观的启蒙有重大作用。

1. 吴良镛的广义建筑学

吴良镛[1]先生提出的广义建筑学，强调从城市设计、地景学、城市规划学等更广阔的角度考虑建筑设计，这一思想对“适建筑”观主张要考虑环境与地域文化观念的形成产生了重要影响。传统意义上的建筑设计可能破坏原有建筑、文化趋同、缺乏特色，广义建筑学则通过综合考虑多个方面，如聚居、地区、文化、科技、经济、艺术、政策法规等，从城市设计出发，回归基本原理后再着手于建筑设计，使建筑学更好地适应社会需求和变化，保护和传承当地建筑文化。

菊儿胡同改造[2]是广义建筑理论指导下的实践，强调保留传统胡同风貌并融入现代城市生活需求。吴良镛先生提出“有机更新”理论，即在保持城市特色和历史文化的同时，适当改造和更新胡同以适应现代生活，他采用“类四合院”设计，保留外部传统形式，内部现代化改造，满足现代需求的同时保留传

[1] 吴良镛，中国科学院和中国工程院院士，协助梁思成创建清华大学建筑系，清华大学学术带头人，著有《广义建筑学》等学术著作。

[2] 徐玮蓬. 北京东城菊儿胡同规划设计：建筑类型学在社区有机更新中的运用[J]. 北京规划建设，2021（2）：119-123.

统风貌，这些观念现在我们还在不断地提倡。此外，广义建筑学提出的“以人为本”的理念，提升了整体环境和景观体系建设，这些对“适建筑”观的启蒙起了很大的作用。

2. 关肇邺的得体设计

关肇邺[1]先生曾提出“重要的是得体，而不是豪华与新奇。”“得体”成为他设计的一个核心原则：没有不变的个人风格，只有“得体”的适合建筑自身地位及周边环境要求的设计才是最好的 。“适建筑”从关肇邺先生“得体”设计观中得到了诸多启发。

“得体”设计思想在关肇邺先生的设计中都有所体现，如清华大学图书馆新馆，他巧妙地处理了新馆与老馆的关系，将新馆五层体量退到后部，将二层部分与老馆对齐，强化了与礼堂的对比；主要入口隐藏于庭院内，避免与老馆入口形成冲突；外观采用清华园老区统一的红砖灰瓦，门窗形式经过调整和创新，取消了复杂的装饰，主要入口采用大面积玻璃和砖拱形符号。总的来说，新馆在保持清华园原有建筑风貌特色的同时展现出时代气息。[2]

3. 周卜颐的正视传统

周卜颐[3]先生是我在建筑专业和职业生涯中至关重要的老师。除了在清华期间受其关于西方现代及后现代建筑思潮的影响，还是我前往华中科技大学继续深造的引路人，通过他的介绍，我有幸结识了我的导师张良皋[4]先生。

周先生认为现代建筑并非反对传统，而是反对形式主义和复古主义，现代建筑尊重传统，追求进步设计思想，并通过现代工业化方法发展继承传统；他反对将房屋仅视为居住机器，强调实效和美观的重要性，现代建筑中的“国际风格”和“功能主义”适应工业社会发展需要，并非抹杀民族文化，后现代主义对现代建筑进行批判和演变，而非彻底否定，现代建筑反对固定风格和僵化创作，而非完全反对千篇一律；他批评盲目追求表面形式的做法，认为这与时髦建筑和现代建筑的思想实质不符。[5]这些观点为“适建筑”在处理现代与传统关系方面提供了基础思想。

4. 众教授的独到见解

陈志华[6]先生在教授西方建筑史时，特别注重独立思考和交流讨论，强调文化遗产保护。他常分享在意大利等欧洲国家的经历，展示古城保护成果，并表达对希腊古建筑被毁的惋惜，这些历史教训要求我国重视对文化遗产保护[7]。“适建筑”对地域文脉的重视与陈志华先生的诸多关于重视文保思想息息相关。

[1] 关肇邺（1929年10月4日—2022年12月26日），中国工程院院士，清华大学建筑学院教授、博士生导师，著有《从包豪斯到现在》等著作。

[2] 关肇邺. 重要的是得体不是豪华与新奇［J］. 建筑学报，1992（1）：8-11.

[3] 周卜颐，著名建筑教育家和建筑理论家，原清华大学建筑系教授，华中工学院（现华中科技大学）建筑系首届系主任，著有《周卜颐文集》等著作。

[4] 张良皋（1923年5月—2015年1月），毕业于中央大学建筑系，华中科技大学教授，著有《武陵土家》《老房子——土家吊脚楼》等著作，作者许世文的研究生导师。

[5] 周卜颐. 正确对待现代建筑 正确对待我国传统建筑［J］. 时代建筑，1986（2）.

[6] 陈志华（1929年9月2日—2022年1月20日），清华大学建筑学院教授，著有《外国建筑史》《外国造园艺术》等著作。

[7] 赖德霖. 北窗问学记：回忆陈志华先生的教诲［J］. 建筑师，2022（2）：116-121.

徐伯安[1]先生的中国建筑史课程讲解透彻，注重学术研究与实际教学的结合。他强调建筑设计创新与文化底蕴及场所环境的和谐统一，认为这是创造具有文化底蕴和时代特色建筑的关键[2]。“适建筑”观中主张既要注重文化底蕴又要创新特色的思想与徐伯安老师的教诲分不开。

吴焕加[3]先生在讲授西方近代建筑史时，坚持实事求是的原则，他认为创新与传统相互促进，主张设计应研究并解决建筑实用功能和经济问题，满足现代需求[4]。他对各种建筑思想和主义的包容，为“适建筑”的包容和开放提供了思想源泉。

周维权[5]先生认为中国园林的诗情画意是其精髓，园林景观体现绘画意境，同时也涵涌着诗的意境，主张在设计中巧妙运用中国传统文化要素，体现中国文化自信[6]。在他“文化自信”思想的影响下，“适建筑”观更加注重理解中国传统建筑和文化的魅力。

在清华期间，我还接触到许多国际建筑设计大师的熏陶，例如黑川纪章[7]在清华交流讲学中介绍的新陈代谢论、周卜颐先生引进的赖特“有机建筑”理论的观点，这些为“适建筑”观的启蒙产生了重要影响，同时受到这些老师严谨务实学风和学术观点的熏陶，为我日后的职业生涯奠定了坚实的基础。

二、华中科技大学——知行合一

华中科技大学研究生学习期间，在众多前辈学术理论的熏陶下，特别是在张良皋先生学术思想的启迪下，逐渐领悟到设计的精髓在于“适”。

1. 张良皋的匠心育人

1）“建筑要讲理”

张良皋先生认为，建筑学是艺术与技术的和谐统一，强调“建筑之道在于理性”，他经常用“建筑要讲理”[8]说明问题，“理”包括物理、心理、伦理、道理，这简练的“四理”蕴含着深刻的理性设计思想。

张良皋先生阐释：“物理”指的是建筑结构的稳固性，它要求建筑师在创作过程中，深入理解物理学原理，合理选择材料，精确计算负荷和重力等因素，以确保建筑结构的稳定与持久；“心理”关注的是建筑对居住者心理的影响，通过巧妙运用色彩、空间布局和光线设计，创造出舒适宜人的环境，激发人们的情感共鸣，这需要设计师深入研究心理学，了解人们对环境的感知和反应；“伦理”则要求建筑师具备社会责任感和道德意识，在设计中考虑到可持续性、环境友好性和对社会文化的尊重，这体现了伦理观念在建筑设计中的实践；“道理”是对生命、文化和哲学的深入思考，它要求建筑师通过探索建筑

[1] 徐伯安（1931年1月14日—2002年1月3日），清华大学建筑学院教授，著名的中国建筑历史学家，师从建筑学界一代宗师梁思成先生，获1987年国家自然科学一等奖，1984年城乡建设部、中国建筑学会全国优秀建筑设计一等奖。

[2] 佚名. 徐伯安先生生平[J]. 华中建筑，2002（2）：3-4.

[3] 吴焕加，清华大学建筑系教授，著有《近代建筑科学史话》等著作。

[4] 曾昭奋. 实事求是面对西方建筑：读吴焕加教授《20世纪西方建筑史》[J]. 建筑学报，1999（9）：54-59.

[5] 周维权，清华大学建筑系教授，著有《中国名山风景区》《中国古典园林史》等著作。

[6] 周维权. 周维权谈园林、风景、建筑[J]. 风景园林，2006(1)：8.

[7] 黑川纪章（1934年4月8日—2007年10月12日），日本建筑师协会会员，日本第二代建筑师，著有《共生的思想》等著作。

[8] 张良皋. 建筑必须讲理：书《建筑辞谢玩家》后[J]. 高等建筑教育，2009(4)：1-6.

背后的深层原理，赋予建筑更高层次的意义和文化价值，这需要建筑师具备广博的知识和深厚的人文素养。回顾“适建筑”思想形成的发展历程，张先生的“建筑四理”是“适建筑”观产生和发展的重要源头。

2）鄂西吊脚楼的智慧

在华中科技大学学习期间，有幸两度跟随导师张良皋先生一同前往鄂西考察土家族的吊脚楼，当地居民对自然环境的发自内心的尊重对于理解建筑设计如何适应自然环境具有深远意义。武陵地区地形以山地为主，植被茂盛，降水充沛，气候湿润，这些自然条件促使当地居民创造出干阑建筑，体现了群众的伟人智慧：鄂西吊脚楼作为土家族独特的传统建筑，三层结构设计实用且充满智慧，底层用于家禽饲养和重物存放，第二层是生活起居场所，第三层为居住空间和储物间。竹木结构适应了湿热气候，保持室内干燥舒适，有效预防潮湿：吊脚楼底层架空的设计一方面顺应了多山地形，另一方面能够避免山洪和水涝灾害，人们可以在洪水冲积后的肥沃区域种植庄稼。鄂西吊脚楼的设计、结构和材料选择体现了实用性和生活智慧，是人与自然和谐共生的典范。

2．胡正凡的行为心理

胡正凡[1]先生关注人在建筑环境中的感知和认知过程，指导建筑设计在空间、布局、色彩、光线等方面进行优化，例如在设计城市广场时，利用环境知觉原理提高使用效率和舒适度。关注人在建筑环境中的行为规律，为建筑设计在空间功能、流线组织、家具布置等方面提供指导，在医院病房设计中，运用空间行为原理提升使用效率和患者康复速度。关注人在建筑环境中的认知过程，为建筑设计在信息传递、标识设计、环境适应等方面提供指导，比如在设计城市道路时，运用环境认知原理提高使用效率和安全性。胡正凡先生的环境心理学，让“适建筑”更加关注使用者的满意度，并为后续“适建筑”在城市设计和建筑设计中的实践提供了重要指导。

3．诸位老师的学术思想

李保峰[2]先生的建筑创作强调对当地环境的独特回应，综合考虑地形、气候、文化内涵等因素，追求建筑与场地的和谐统一。他运用地域性材料，创造出“图画性”和“地形性”两种建筑形态[3]，这对“适建筑”的尊重环境和地域性思想产生影响。

李晓峰[4]先生主张将传统文化理念融入建筑设计，通过形式模仿、符号运用和对传统的关注，创造出具有文化内涵的新颖形象。他的设计注重意象选题、背景调研、意象探讨和意象表达[5]，为“适建筑”在文化继承基础上的适度创新提供启示。

❶ 胡正凡，华中科技大学建筑与城市规划学院资深教授，《新建筑》前副主编。

❷ 李保峰，华中科技大学建筑与城市规划学院资深教授，博士生导师，《新建筑》杂志社社长。

❸ 李保峰，丁建民，徐昌顺，等．设计结合自然：恩施大峡谷聚落式度假酒店设计的传承与创新［J］．中国园林，2018（8）．

❹ 李晓峰，华中科技大学教授、博士生导师，华中科技大学建筑与城市规划学院副院长。

❺ 李晓峰．意象与设计［J］．华中建筑，2004（2）．

李勇[1]先生探索理性与人性化的设计融合，在华中科技大学逸夫馆设计中，以环境与功能为核心，考虑地理环境、功能需求等要素，力求实用性、特色个性和大学文化的结合[2]。“适建筑”中主张理性设计和注重人文关怀的设计思想与上述密不可分。

三、浙江省院——务实担当

自从进入浙江省建筑设计研究院工作以来，有幸与众多资深建筑师并肩工作，深受他们设计理念影响，还有优秀作品的熏陶。通过与老一辈建筑人的深入交流与合作，我不仅深刻理解了建筑的实用价值和社会意义，更体会到浙江省院务实担当的精神，这种精神是“适建筑”理念形成的关键。

1．唐葆亨的大师风范

唐葆亨[3]先生在建筑设计及建筑理论领域均具备卓越的成就和深厚的造诣，他设计了许多杰出作品，如杭州体育馆、浙江展览馆、杭州大剧院和杭州饭店等，这些作品均体现了他的独特创意和精湛技艺。同时，他还对浙江民居进行了深入的研究，为传承和发展地方建筑文化作出了重要贡献。

1）浙江省体育馆

浙江省体育馆（现杭州体育馆）（图4-1）是浙江首个真正具有现代意义的体育建筑，结合椭圆形平面与马鞍形双曲抛物面悬索屋面结构，具有创新造型、大跨度、节省钢材等技术特点，其56根承重索和50根稳定索编织的受力体系完美融合建筑、结构和美学，成为经济、实用、安全、美观的典范。半个多世纪以来，该建筑在体育界占据重要地位，成为教科书经典案例，并荣获中国建筑学会大奖。在庆祝新中国成立七十周年活动中，被评为优秀勘察设计项目。

2）杭州饭店

杭州饭店（图4-2）位于杭州市北山路岳庙东侧，环境优美，古树参天，主体建筑采用江南传统歇山屋顶，与两侧平屋顶的局部起翘屋檐形成高低错落的体形，南面主入口柱廊檐下设有弧形车道和宽大踏步，方便进入大厅，小会堂主要用于开会和演出。设计注重环境、空间和建筑的和谐统一，与周围湖光山色和岳王庙古建筑群形成有机整体，展现江南传统建筑风格。

3）杭州剧院

杭州剧院（图4-3）是20世纪70年代中国剧院建筑的代表作，也是当时亚洲规模最大的剧院。设计注重功能、材料和结构的融合，外立面挑檐宽大简洁，东立面和南北门廊采用通透玻璃幕墙，开放剧院室内空间，实现造型与功

[1] 李勇，曾任华中理工大学建筑学副教授，现任深圳大学建筑设计研究院建筑系副教授。

[2] 李勇．求真求实也动情：华中理工大学图书馆（逸夫馆）设计［J］．新建筑，1991（3）．

[3] 唐葆亨，全国工程勘察设计大师、梁思成提名奖获得者，代表作浙江省体育馆（现杭州市体育馆）、杭州饭店、杭州剧院等。

图4-1　浙江省体育馆
（资料来源：浙江省建筑设计研究院）

图4-2　杭州饭店
（资料来源：浙江省建筑设计研究院）

图4-3 杭州剧院
（资料来源：浙江省建筑设计研究院）

能的统一。剧院承载着开启杭州美好未来的文化使命，成为杭州精神文明建设史上的里程碑，曾荣获中国建筑学会大奖。

4）浙江民居研究

唐葆亨先生对浙江民居的研究深入且系统，他精准地提炼出了浙江民居的三项显著特征。这些民居充分考虑了当地的气候因素，通过一系列简洁、经济且高效的手段，妥善解决了通风、采光和排水等实际问题；这些民居在建造过程中，巧妙地融入了周边的自然环境，无论是沿水而建还是依山而筑，都展现出了与自然环境和谐共生的鲜明特色；这些民居在材料选择与工艺运用方面，充分发挥了当地资源优势，充分利用当地丰富的材料和传统工艺，形成了独特且富有地域特色的文化风貌。这些理论总结对于后续结合浙江文化特色的项目实践都有重要启示意义。

5）青年建筑师培养

唐葆亨先生不仅在建筑设计和理论上有所建树，他对青年建筑师的培养方法也令人印象深刻。他注重美学、多元和引导，领导团队培养了许多优秀建筑师。他坚信建筑师的美学素养至关重要，需长时间修炼。因此，他强调在建筑学教育初期就应培养美学意识，致力于推动美学建筑重建，同时鼓励青年建筑师培养多元设计思想。他认为强大的设计团队应兼容各种想法，为激发个性，唐葆亨避免强加观点，善于发现每个人的独特之处并引导，这种尊重和舒适的指导方式使年轻建筑师愿意接受他的建议，“适建筑”的很多观念和设计思想均受其影响和启发。

2. 院内前辈言传身教

王亦民[1]先生在设计中一直秉承着回归现实合理设计的原则，在设计和建设过程中，要充分考虑建筑的功能、造价、运营等方面的实际情况，避免过度

[1] 王亦民，原浙江省建筑设计研究院副总建筑师。

追求建筑外形、过度包装而导致昂贵建设造价等问题，使项目建设和运营更加符合实际需求和经济规律。这些思想在他的作品中都有所体现，例如山东省图书馆、浙江省图书馆和西湖文化广场等。他的观点对“适建筑”观提供了非常重要的启示。

1）山东省图书馆

山东省图书馆（图4-4）设计独特，融合现代与传统、艺术与功能。采用模数化设计，便于管理与发展，保证自然通风，其形象结合雕塑感与现代韵律，展现齐鲁文化的阳刚博大。由于在环境艺术和公共艺术方面的深入介入，环境设计如庭院和喷泉呈现灵动有趣，不仅建筑功能完善，而且空间环境艺术性和思想性也达到完美统一。

2）浙江省图书馆

浙江省图书馆（图4-5）位于杭州市宝石山北麓，与西湖相邻，建筑融合于山体，展现江南园林的通透和民居的亲切感。主入口用60片石刻书简展示“书”的主题；屋顶采用陶片、铝板和金属管材组合，展现传统江南建筑的现代风貌。此项目建成后被评为杭州市十佳形象建筑之一。

3）西湖文化广场

西湖文化广场（图4-6）位于杭州市中心，是浙江省最大的文化建筑，包括科技馆、自然博物馆、电影城等文化设施，还有一些商贸办公和服务设施功能。建筑总体布局与运河环抱，形成圆形广场，加强空间集聚性，主体建筑造型开放、升腾，体现杭州人的开放、包容和拼搏的精神。

方子晋[1]先生的设计作品与周边环境和谐统一，是我们学习的榜样。其代表作之一为花家山宾馆四号楼，该作品巧妙地将建筑融入自然环境中，既彰显出现代设计的独特魅力，又充分体现了对原有地形地貌的尊重；另一代表作是息来小庄宾馆主楼，该设计同样展示了他对建筑与环境协调性的深刻理解。

[1] 方子晋，原浙江省建筑设计研究院总建筑师。

4）花家山宾馆四号楼

花家山宾馆（图4-7）四号楼位于原宾馆建筑群的东北部，选址合理，地势平坦便于施工，且保持了原有的幽静水面和庭院环境。宾馆的设计以保护原有环境为前提，以水面为中心，巧妙地贯穿于新老建筑之间；院内溪水潺潺，湖面平静，柳树依依，花卉簇簇，桥廊曲折，小亭玲珑，四周竹木苍翠，展现了江南水乡的天然景致；宾馆功能分区明确，分为客房区、行政管理生活区和公用工程设施区，既保证了内部功能的合理性，又妥善处理了静区与闹区的关系；建筑群体组合高低错落，与宾馆原有的三幢坡屋面小楼相协调，整体看来，它们和谐地融入了大自然的绿荫丛中；特别值得一提的是，花家山宾馆四号楼采用了具有民居特色的小青瓦屋面，与整个建筑群体相得益彰，共同营造了一种与自然和谐共生的美好氛围。

图4-4　山东省图书馆
（资料来源：浙江省建筑设计研究院）

图4-5　浙江省图书馆
（资料来源：浙江省建筑设计研究院）

图4-6 西湖文化广场
（资料来源：浙江省建筑设计研究院）

图4-7 花家山宾馆

5）息来小庄宾馆主楼

息来小庄宾馆（图4-8）主楼设计充分利用地形、地貌和树木，创造自然村落的乡土气息。项目设计时对传统小青瓦屋顶进行修改，减少建筑体量，方便施工；建筑细部采用浙江民居手法，如挑廊、吊脚楼等，使小青瓦屋面古老而富有新意；设计体现了普陀山的宗教文化，与乡土气息相得益彰，与传统建筑风格相融合，与普陀山的宗教文化相呼应。

3. 各方同仁合作交流

在三十多年的工作中，有幸参加了多次国内外学术交流活动，与许多建筑大师进行了深入的合作交流和学习，这些经历对于“适建筑”思想的完善起到了重要的作用。

在诸多学术交流活动中，最近的一次国际学术交流活动是带领浙江省院建筑师团队参加2023年在哥本哈根的世界建筑师大会，我们参观了丹麦三个城市的建筑，留下了深刻印象。在哥本哈根新港码头，乘坐游船欣赏城市美景和特色建筑（图4-9），讲解员用多种语言介绍了建筑历史、概况和建筑师名字，展现了建筑师的付出和社会责任。哥本哈根的超级线性公园（图4-10）是艺术与商业、生活结合的典范，为居民提供了宜人的休闲场所，并融入了多元文化元素，增强了城市活力。奥胡斯Dokk1图书馆（图4-11）是斯堪的纳维亚最大的公共图书馆，融合了多种功能，其特色是名为“The Gong”的巨大铜管钟，每当有新生儿出生，父母可敲响此钟庆祝，这种设计让整座城市充满祥和与温情，为市民带来喜悦，体现了人文关怀。哥本哈根的建筑设计作品展现了理念与哲学观的自然渗透，让建筑成为与人们生活紧密相连的温暖存在，为城市注入新活力、新灵感、新生命与新希望。

图4-8　息来小庄宾馆

图4-9　乘坐游船欣赏哥本哈根城市美景和特色建筑

图4-10　哥本哈根的超级线性公园

另外，与国内外建筑大师在学习合作的过程中收益颇丰。我曾多次向程泰宁[1]院士请教关于建筑设计和理论的问题，十分认同他的“境界、意境、语言”观点。他认为，建筑创作需要有思想、哲学和美学支撑，否则容易被人同化，强调建筑创作过程中各种复杂因素之间的相互交织，建筑师设计的时候需要关注整体性与自然有机[2]。

与境外顶尖设计事务所的合作使“适建筑”有更宽阔的视野。由赫尔佐格和德梅隆[3]作为设计顾问，浙江省建筑设计研究院承担的国内设计合作项目京杭大运河博物院（二期）（图4-12），用极富表现力的建筑语言对话运河的

图4-11　奥胡斯Dokk1图书馆

[1] 程泰宁，毕业于南京工学院（现东南大学）建筑系，中国工程院院士，全国工程勘察设计大师，东南大学建筑设计与理论研究中心主任、教授、博士生导师，筑境设计主持人。

[2] 费移山，程泰宁. 语言·意境·境界：程泰宁院士建筑思想访谈录[J]. 建筑学报，2018（10）.

[3] 赫尔佐格和德梅隆，世界顶级建筑设计事务所建筑师。

图4-12 京杭大运河博物院（二期）
（资料来源：浙江省建筑设计研究院）

“前世今生”，形象如画中水墨一笔书写城市景观的新篇章。整座博物院依山面水，高高抬起的博物馆映照在运河上，波光粼粼的运河水渲染着博物馆的立面。大运河与叙述它故事的博物院互相映照，为风景旖旎的杭州塑造出了“大运河畔新广场”“空中运河大花园”“杭州城市新景观”，诠释了世界级“文化新地标”的创新理念。

回顾浙江省院诸多经典的建筑设计作品，包括浙江省人民政府一号楼（图4-13）、杭州笕桥机场（图4-14）、杭州西湖国宾馆（图4-15）、杭州萧山国际机场（图4-16）等，这些建筑项目的建成不仅彰显了浙江省院作为大院的务实精神和责任担当，也给予了“适建筑”很好的实践经验，从中不断汲取并转化成理论总结。

回顾以上，从清华建筑系诸位老师的渊博学识和治学态度，到华中科大老师知行合一的思想熏陶，再到浙江省院前辈们的言传身教以及国内外同行的合作交流，这些都为“适建筑”观的形成、发展和完善提供了连绵不断的思想源泉。正是在这些前辈、老师们的悉心指导和同行的交流启发下，“适建筑”理念得以清晰起来，并将建筑理论思想与实际项目设计实践相结合，逐步形成了建筑设计应追求适度合理，应与环境、社会和文化和谐共生，并在此基础上不断创新突破的设计观。

图4-13 浙江省人民政府一号楼
（资料来源：浙江省建筑设计研究院）

图4-14 杭州笕桥机场
（资料来源：浙江省建筑设计研究院）

图4-15 杭州西湖国宾馆
（资料来源：浙江省建筑设计研究院）

图4-16 杭州萧山国际机场
（资料来源：浙江省建筑设计研究院）

第二节 “适建筑”之旅

“适建筑”观的形成经历了一个漫长的过程，凝结着对建筑设计理论认识的不断完善，也是对实践项目设计的持续反思和提升。从最开始对环境、功能、形式三要素的思考，到从宏观、中观、微观三个层面对地域文化的综合探索，再到探索环境的诉求、业主的需求、建筑师的追求三者之间“度”的把握，最后通过不断创新，创作既具深厚内涵又具时代特征、引领潮流的“适+”建筑精品，从而做到超越自我。

一、环境·功能·形式

建筑学作为一门综合性的科学，在实践中通过对环境、功能和形式的处理得以具体表现，探讨建筑设计理论在实践中的运用，旨在凸显建筑设计过程中对适应环境、优化功能和创新形式的深刻理念。

建筑设计中对环境的关注体现在对周围自然和人文环境的尊重与融合。在建筑设计中，环境并非仅是建筑物所处的空间，更包括其所在的城市、自然景观以及文化传承。通过巧妙的布局、材料选择和景观设计，建筑可以融入周边环境，使之成为一个有机的整体。环境的创造不仅要考虑建筑与自然环境的协调，还需要关注建筑在城市环境中的定位，以实现与周边景观和建筑的和谐共生，如第二篇中所述的安吉两山讲习所项目设计中运用依山就势、轻度介入、退台设计、灵活院落的设计理念，此项目是对周围自然和人文环境的尊重与融合较好的案例。

建筑的功能性是其存在的根本，因此在建筑设计中，对功能的优化体现了对使用者需求的关注。功能的优化并不仅仅是实现基本的使用要求，更包括了对人文关怀的体现，建筑师需要考虑使用者的行为习惯、社会文化背景，以及建筑对周围社区的影响。通过合理的空间规划、流线设计和人性化的细节处理，建筑可以成为一个舒适、便捷并符合社会价值观的场所。

建筑形式的创新是建筑设计中不可或缺的一部分，它既关乎建筑外观的美感，也涉及设计的前瞻性和独创性。形式的创新不仅体现在建筑的外观上，更包括了空间、结构、材料、光影等方面的创意，通过对形式的创新，建筑可以超越功能的局限，成为城市的艺术品，引领潮流，为社会注入新的文化元素。

如前文第三篇提到的杭州运河大剧院[1]方案设计充分利用室内外空间，做到了环境、功能和形式的统一，整个项目建成后成为城市的地标，又是运河文化的承载者，是结合功能需求进行形式创新的典型案例。

建筑设计是一个持续不断地探索与创新的过程。通过对环境、功能和形式的精心处理，建筑师能够将设计理念转化为使用空间的设计实践，为社会创造具有美感、实用性和文化内涵的建筑作品。建筑设计不仅是对理论的应用，更是对社会、文化和自然的回应，是一种对未来的探索与构想。

二、地域特色

在全球化的今天，文化的冲突和碰撞日益加剧，其结果是文化的移植和融合也必然加速，在因特网的推波助澜下，交通运输及传媒业的发展使地球"越来越小"，全球的文化差异在日趋缩小。建筑是文化的载体，自然也包含其中，尤其是近二十年来，随着我国城市化发展的加速推进，城市规模日益庞大，建设速度也日益加快，城市正随着大拆大建而变得没有历史感、场所感，正在失去地域特色，很多城市的面貌越来越雷同，成为"普通城市"[2]。因此，大家都在反思、探索——怎样在建筑创作中体现地域特色。

"地域特色"的内涵很丰富，它包括人文和自然两大方面的内容，涵盖了历史、人文、气候、资源、自然环境及社会经济等诸多因素，这些因素的影响往往会或多或少地反映在建筑文化上。由于建筑总是扎根于具体的环境之中，除了受到所在地区的历史、人文的影响，还受具体的地形条件、自然条件和已有的建成环境等因素的制约，更受到经济条件、建筑材料以及施工技术等因素的制约，这些林林总总的因素经过长时间的叠加造就了城市的地域风貌，诸如北京的胡同四合院、上海的里弄石库门、西南山区的吊脚楼、西北的窑洞等，莫不是体现地域特色的建筑。但这都是在传统社会条件下的遗存，当今人们的生活方式、审美观念、建造工艺、建筑材料等都已有了很大的变化，这些传统的地域特色未必都能适应时代的发展要求。

目前摆在建筑师面前的挑战是，在新时代如何来体现建筑的地域特色？地域元素不是没有，关键是如何去挖掘，更重要的是如何去恰当地表达。宏观上把握城市气质，主要体现在建筑文化性的塑造，通常包括两个互相关联的过程——文化性格选择到文化内涵表达，前者是基于整体层面上建筑文化性塑造的起点与基础；后者侧重于强调建筑建构时所涉及的具体形式和手段。中观上与周围环境协调，体现在总体布局上，主要落实以下方面内容：外部交通流线与周边城市道路衔接顺畅，建筑体量、造型及色彩上要与周边建筑做到"和而不同"等。微观上体现建筑自身特质，主要体现在建筑内部空间、立面构造、

[1] 详见3.1.8节。

[2] 雷姆·库哈斯. S，M，L，XL［M］.［S.l.］：The Monacelli Press.

室内装饰设计及室外园艺等方面，主体空间和外部造型确定后，立面肌理和材质变得十分重要，就如人的衣着，它是建筑气质的重要体现，也是整体形象和功能完善的重要手段。以上三个层面在设计过程中虽然层次不一样，但都是相互交织、相互影响的，并不能说哪个层面更重要，因为建筑是一个完整的整体，要全面体现建筑的地域特色，一个都不能少。例如，前文[1]提及的正在建设的中国京杭大运河博物院（二期）方案设计在三个层面都处理得比较合理，较好地体现了京杭大运河博物院的地域特色。

[1] 详见4.1.3节。

三、适度设计

世上万物的存在状态都有两个极端，或为阴阳，或为高低，或为大小，或为优劣，等等。对于一个具体事物而言，通常处在两个极端之间的某个点上，保持着稳定的“度”。“度”维系着事物自身的合理区域和良性运行。自古至今，人类在与自然界、社会打交道和自觉修身的过程中真切地认识到“度”的普遍性和重要性，逐步树立了“适度”意识，学会在与天相处、与人交往的过程中约束和调整自身的行为，做到目标适度、发展适度、管理适度、劳逸适度、举止适度、心态适度。事实表明，有适度，才会有和谐、优美、有序、健康。“适建筑”观认为建筑设计也一样有这么个“度”，把握好了就有可能设计出适度的、和谐的建筑。

适度的建筑首先要靠适度目标和适度设计来实现，适度设计由适度创作和各专业协同的设计完成。设计目标是否适度很重要，它决定了建筑大致的方向和轮廓，一般在项目策划阶段就定了，但往往是由甲方决定而不是建筑师所能左右的，于是各地就出现了一些奇奇怪怪的建筑。要做到设计目标适度，建筑师就要努力去争取策划机会，去参与项目策划，哪怕花去更多的时间和精力。

通常建筑师接触到建设工程项目时，任务书和规划条件已定，比如设计任务书规定了使用功能、工程投资、形象要求等，规划部门提供了地形图及用地面积、容积率、绿地率、建筑密度、建筑限高等规划条件，当然还有国家和地方的种种相关标准和规定，所以有人形容建筑设计就像“钢丝绳上的舞蹈”，既不能掉下绳来，又要舞得优美，确实不易。如何才能做到呢？除了建筑师自身必备的专业素养以外，适度设计的策略也是很重要的。

所谓适度设计，是一种为满足建设目标所面临的环境要求和自身要求，结合设计者对建设目标创造性的设想，采取适当的策略和适宜的技术而进行的一种综合权衡式设计方法。是否适度可以通过三个“求”是否平衡来判定，即：首先，从“环境诉求”角度看，要让建筑既融于人文环境（社会的、政治的、文化的、历史的、宗教的、艺术的等），同时又融于自然环境，更要融于其自身创造的环境；其次，从“业主需求”角度看，要满足业主利益——使用功能的、经济成本的以及形象上的要求；再者，从“设计追求”角度看，建筑师个人由于专业素养的不同也会对项目有不同的理解和追求。以上三者之间往往不总是那么和谐，有时甚至冲突很大，这就要求建筑师不但要有基本的专业素养，还要有社会责任感，同时还要有处理好这三者之间矛盾的综合能力，这样才能做到适度设计，设计出适度的建筑方案。正如，前文[1]提到过的上虞百官广场项目，在设计过程中与业主及其他部门有很多调整和沟通，几方之间互有坚持和妥协，最终得到环境诉求、业主需求和设计追求三者之间皆可接受的平衡点。

[1] 详见3.1.2节。

综上，“适建筑”观是在学习、实践和总结中不断发展而来的，在其成长之旅中，从起初对环境、功能、形式的深刻思考，经过宏观、中观、微观的地域特色探索，再到对“适度”设计分寸的精准把握，最后到不断“创新”后超越自我的“适+建筑”。它并非一种空想的孤立思考，而是借助实践项目的积累和总结，逐渐形成一种比较容易理解且可操作的建筑设计价值观念和设计策略。

第三节 “适建筑”之道

建筑学，被誉为一门融合艺术与技术的综合学科，它既非单纯的艺术，也非纯粹的技术。建筑师的身份，既不是社会改革的英雄，也不是社会底层的平民，他们就像是钢丝绳上的舞者，不仅要时刻保持平衡，还要在平衡中展现出美的姿态和个性。

张良皋先生曾经说建筑师要做“大匠通才”，其中，“大匠”是指成熟的建筑师，“通才”则是要具有广泛的知识面，可以理解为“匠师”需要具备的“通才”素质。张良皋先生将建筑学称为“匠学”，涵盖了城乡规划、风景园林等大建筑学范畴，在《匠学七说》[2]中，张良皋先生指出建筑事务包括城市规划、农田兴修、水利工程、防御工事、道路桥梁等多个方面。这使得建筑师必须具备跨学科的知识，否则无法胜任这些复杂的职责。因此，建筑师应当具备“通才”素质。“大匠通才”是优秀建筑师需要具备的素养，张良皋先生本人就是“大匠通才”的鲜活例证，他的学科背景涵盖了国学、数学、几何、建筑教育、苏联建筑思想等多个领域，可以评价为“博古通今、学贯中西”。“大

[2] 张良皋. 匠学七说［M］. 北京：中国建筑工业出版社，2002.

匠通才”也是张良皋先生的教育理念，除了专业知识外，他还为学生们开设了“诗词讲座”“红学讲座”等第二课堂，为工科背景的建筑学生提供文史知识的补充，这种教育方式培养出了文理兼修的学生，事实证明是成功的典范[1]。

成功的建筑师，不仅要能够处理好艺术与技术的关系，还要在设计中找到现代与传统、个人与集体、理想与现实、资本利益与学术研究等因素的平衡；他们需要保持快乐、宽容、热爱生活的态度，因为一个不懂享受生活的人，很难设计出富有创意的建筑空间；建筑师还要了解各地文化，了解各地人们的生活习惯，大众生活不应为个人兴趣让路，这是建筑师的基本职业道德。

建筑师之道，在于不偏执、不高傲、不矫情、不颓废，我们需要保持“适”的职业态度。首先就要辩证地看待设计中的合理与创新，合理平庸的设计是最为普遍的现象，这种设计往往遵循既定的惯例，缺乏创新，但亦无重大失误。然而，对于经验不足或能力有限的设计师而言，他们甚至无法达到平庸合理的设计，反而作出平庸且不合理的设计，这类设计及其成果的价值可谓微乎其微，甚至可以看作是一种破坏。另外，有些建筑师不甘于平庸，大胆突破，做出一些奇特的建筑，虽然形式上有所突破，但在功能上却极不合理，因此，我们也不倡导这种将建筑设计复杂化、神秘化的做法，这种自命不凡的态度会使建筑设计陷入尴尬境地，难以获得大众的理解和专业的认同。建筑师在创作中真正做到既创新又合理，也就是做到“适”，难度较大。建筑作为技术与艺术的综合体，实现创新可以通过科技创新和观念创新，也可以单独进行，还可以相互交织。在创新的程度上要随着项目性质作出调整，从开始学习模仿的微小创新，再到重组叠合，获得新生命力的创新，最后通过不断努力思考，超越自我，做到从无到有的重大创新。

我们主张每个建筑设计方案都应有不同程度的创新，因为设计本身就是结合特定条件进行的。建筑师是否真正持续保持创新意识，在观念上是否持续创新，这是因人而异的，具有积极的创新意识的建筑师其实并不多，大多数建筑师更倾向于仿效和重复。创新需要建筑师的天赋和韧性，同时需要勇气和担当，而仿效和重复则更为轻松和稳妥，无须承担失败的风险。在一般人看来，创新往往体现在建筑的外在形式上，而“适建筑”设计观认为内在逻辑的创新才是真正的创新，外在的表象可以是千变万化的，而建筑设计的内在逻辑是建筑方案得以成功的根本需求。合理的内在逻辑可以通过多种外在表象呈现，这正是建筑创作的价值所在，也是建筑设计复杂而微妙之处。建筑师需要先找到这种内在逻辑，再与外在形式平衡，才能真正实现建筑的艺术与技术相结合，创造出既美又有价值的建筑。

此外，在日常的训练中我们应当重视实践与理论的结合。实践是建筑行业的基石，理论则是对实践的总结与提炼。过分强调理论会使得建筑设计方案

[1] 汤士东. 张良皋风景园林学术思想研究［D/OL］. 武汉：华中科技大学，2019. DOI：10.27157/d.cnki.ghzku.2019.004704.

脱离实际，而过分偏重实践又会导致建筑设计方案缺乏深度和内涵。因此，我们需要在实践中寻找理论与实践的结合点，使得建筑既具有实用性，又具有艺术性和思想性。

建筑师是连接业主需求和社会大众利益的纽带，他们不仅要具备专业技术，还要具备商业技巧，以便在满足业主需求的同时，为社会贡献有价值的作品。建筑师应当以扎实的专业知识、宽容的心态、优雅的风范、不卑不亢的态度、自得其乐的心情，以及开放的合作能力、包容的妥协技巧、超强的适应能力和灵活的处世方法，赢得社会的尊重。

建筑的价值在于它不仅是一个容器，更像是一个系统，这个系统超越了单纯的物质和抽象思维，体现了宁静致远的心情和娱乐人生的精神。建筑师的职业挑战在于如何合理地运用资本，综合愉悦舒适的生活感受，体现朴素简单的哲学精神，运用方便快捷的技术支持，传承历史经验，融合文化艺术，实现人与自然的和谐共生，以及创造出令人难以忘怀的形象、空间和场所。

那么什么是难以忘怀的永恒建筑？永恒的建筑源于一种无法命名的特质——“无名特质”[1]。“无名特质”之所以无法命名，不是因为它太高深、太抽象、太模糊，恰恰相反，是因为它太朴素、太具体、太精确，就是“名可名，非常名”。

[1] C. 亚历山大. 建筑的永恒之道［M］. 赵冰，译. 北京知识产权出版社，2002.

“适”的建筑是不是难以忘怀的永恒建筑？我们的答案是，既是又不是。“适”的建筑是希望通过设计创新，通往难以忘怀的永恒建筑，但不是所有建筑都要做到难以忘怀的永恒建筑。我们的观念是该永恒时就追求永恒，该朴适时就朴适。我们期待的建筑是一种轻松，不夸张、不过分但又有味道的建筑。

“适”的建筑需要“适”的建筑师，那么“适”的建筑师又应该是一种怎样的状态呢？作为一名优秀的建筑师首先应有敬业精神、优雅风范和深厚学养，他既要具备专业技术和商业技巧，又要拥有丰富的文化底蕴和人生阅历，在合理与创新、理论与实践之间找到结合点，在赢得业主和社会的尊重的同时为我们的建筑学专业创造出具有价值的“适+建筑”。那么什么才是真正的“适”的建筑师之道，我们认为“适”的建筑师之道除了有以上所述特质以外，还需要做到一种“适”的创作状态，做到努力创新而又不刻意创新，好高而又脚踏实地，放松而又坚持不懈的状态，也就是“得之淡然，失之泰然，争其必然，自然而然”的状态。

参考文献

[1] 王世仁. 建筑美学[M]. 北京：科学普及出版社，1991.

[2] 吴良镛. 广义建筑学[M]. 北京：清华大学出版社，1989.

[3] 钟训正. 外国建筑铅笔画[M]. 南京：东南大学出版社，2003.

[4] 彭一刚. 中国古典园林分析[M]. 北京：中国建筑工业出版社，1986.

[5] 彭一刚. 建筑空间组合论[M]. 3版. 北京：中国建筑工业出版社，2008.

[6] 朱建宁. 西方园林史 19世纪之前[M]. 2版. 北京：中国林业出版社，2013.

[7] 潘谷西. 中国建筑史[M]. 5版. 北京：中国建筑工业出版社，2004.

[8] 张良皋. 匠学七说[M]. 北京：中国建筑工业出版社，2002.

[9] 汤士东，张良皋. 风景园林学术思想研究[D/OL]. 华中科技大学，2019. DOI：10.27157/d.cnki.ghzku.2019.004704.

[10] 侯幼彬，李婉贞. 中国古代建筑历史图说[M]. 北京：中国建筑工业出版社，2002.

[11] 柯林·罗，罗伯特·斯拉茨基. 透明性：译注版[M]. 金秋野，王又佳，译. 北京：中国建筑工业出版社，2023.

[12] 凯文·林奇. 城市意象[M]. 方益萍，何晓军，译. 北京：华夏出版社，2001.

[13] 爱德华·T. 怀特. 建筑语汇[M]. 林敏哲，林明毅，译. 大连：大连理工大学出版社，2001.

[14] 李乾朗. 穿墙透壁：剖视中国经典古建筑[M]. 桂林：广西师范大学出版社，2009.

[15] 程大锦. 建筑：形式、空间和秩序：中英文本[M]. 刘丛红，译. 天津：天津大学出版社，2005.

[16] O. M. A., KOOIHAAS R, MAO B. S, M, L, XL [M]. New York: The Monacelli Press, 1998.

[17] C. 亚历山大. 建筑的永恒之道[M]. 赵冰，译. 北京：中国建筑工业出版社，1989.

[18] 关肇邺. 重要的是得体不是豪华与新奇[J]. 建筑学报，1992（1）：8-11.

[19] 李保峰. 悼念张良皋先生[J]. 新建筑，2015（3）：138.

[20] 李华. 程泰宁的建筑思想和实践与意境的建筑化[J]. 建筑学报，2019（10）：1-5.

[21] 支文军，郭小溪. 大地生长：崔愷的敦煌“本土设计”建筑实践[J/OL]. 时代建筑，2021（1）：80-87. DOI：10.13717/j.cnki.ta.2021.01.015.

[22] 费移山，程泰宁. 语言·意境·境界：程泰宁院士建筑思想访谈录[J]. 建筑学报，2018（10）：1-11.

[23] 程泰宁，吴妮娜. 语言与境界：龙泉青瓷博物馆建筑创作思考[J]. 建筑学报，2013（10）：23-25.

[24] 喻弢，崔愷. 本土设计策略下的城市设计实践：昆山玉山广场周边区域城市更新[J]. 当代建筑，2021（12）：13-17.

[25] 程泰宁. 面向未来，走自己的路：在历史和未来之间的再思考[J]. 建筑学报，1997（1）：7-10，66.

[26] 王亦民. 本土·多维·乐语心境[J/OL]. 世界建筑，2004（7）：82-83. DOI：10.16414/j.wa.2004.07.024.

[27] 周卜颐. 正确对待现代建筑正确 对待我国传统建筑[J]. 时代建筑，1986（2）.

[28] 伍曼琳，周静敏. 隈研吾“自然”的建筑理念与材料观研究[J]. 住宅科技，2019，39（5）：34-38.

[29] 许世文，裘云丹，李迅，等. 时空条件限制下的“丝路”营造：杭州市余杭区亚运场馆改扩建工程EPC项目侧记[J]. 建筑技艺，2021（5）.

[30] 李迅，程烨，王晨曦，等. 临平体育中心[J]. 城市环境设计，2022（3）.

[31] 李迅，裘云丹，王晨曦. 时空限制下的营造及赛后利用的思考：临平体育中心亚运改扩建设计[J]. 浙江建筑，2023（4）.

[32] 郑军，章明辉. 文化驱动下的杭州良渚新城公共空间景观规划路径探讨[J]. 规划师，2021，37（18）：59-64.

[33] 陈天驰. 基于泰森多边形的建筑表皮优化设计：以杭州运河大剧院为例[J]. 浙江建筑，2022（4）.

后记

2002年我进入浙江省建筑设计研究院工作，便有幸与许世文总建筑师（后简称“许总”）相识并得到指点。他工作严谨，充满热情，对下属严格但不苛刻，对设计方案要求合乎情理的同时，能有惊喜更佳，风趣幽默，即兴抛出几句“谐音梗”逗乐大家，常常体现出“适”的状态。

近年许总梳理了长期以来的实践项目，希望总结出一套基于理性思考又追求创新的设计思想，旨在指导我院年轻建筑师的方案创作。为此，许总领衔课题组撰写《适建筑》一书，经过近两年的不懈努力，本书即将出版。

在书稿撰写过程中，许总带领大家一起研究探讨“适建筑”观的整体框架，亲自起草书稿的核心理论部分，精心挑选项目案例，严格把控语句表达。经过不断修改，最终确定书稿“绪、思、行、悟”的总体框架、“环境优先，文脉传承，技术适宜”基础上追求主动创新的核心观点以及“理、宜、度”的方案设计创作方法。

许总的“适建筑”观并非一蹴而就，而是实践中不断思考的结果，从最初的“理性设计”，到“适度设计”“适设计”，再到现在的“适建筑”，都体现了许总在学术理论上精益求精的精神。特别值得一提的是在书稿撰写过程中，许总还带领团队参加了全国“好房子”设计竞赛，通过运用“适建筑”理念，完成《适+公社》设计方案，取得全国三等奖的成绩，证明了“适建筑”观对设计实践的指导价值。

另外，许总提出承载东方智慧的“适”价值观对我们的日常生活也有重要启示，能够让我们用平和、理性的心态去处理各种日常事务，正如本书最后所述的“适建筑”之道也是许总平常工作和生活中传递给我们的处世之道。

受许总委托，感谢以下支持和关注本书的人。

本书得以顺利出版，感谢浙江省建筑设计研究院有限公司对本书撰写工作的大力支持，特别感谢张金星书记等院领导对提升我院建筑设计学术理论水平的重视和落实。

感谢中国工程院程泰宁院士、中国工程院李兴钢院士、中国工程勘察设计大师我院顾问总建筑师唐葆亨先生的鼓励和指导，并为本书作序！

感谢清华大学和华中科技大学的各位老师，他们的学术思想为“适建筑”观的起源和发展奠定了基础！

感谢浙江大学秦洛峰教授、浙江大学方龙龙教授、太原理工大学李劲松教授、浙江工业大学谢榕教授、中国风景园林学会规划设计分会王斌秘书长、越秀集团王广庆设计总监、宝业集团博士后工作站蔡钢伟博士、浙江九州规划设计咨询有限公司夏龙总经理，他们对本书的撰写提出了许多宝贵建议！

感谢中国建筑工业出版社的李成成编辑为本书的出版提供的诸多帮助！

感谢本书案例中所有参与项目的设计师，他们的辛苦付出让“适建筑”理论得以付诸实践！

感谢我院建筑研究中心的徐超、程相鑫等同事参与本书的编撰工作！

感谢我院城市设计院的郑军院长给予的特别支持，她对书稿的构架提出了很多宝贵建议，对具体内容的撰写和编排工作提供了巨大帮助！

感谢提供书中案例项目资料和实景照片的所有同事，不再一一列举！

对书中案例项目的业主单位、设计合作伙伴和所有对“适建筑”观有过启发的人，一并表示感谢！

最后，“适建筑”是一种开放包容、与时俱进的设计观，仍需不断改进发展，如有不当之处还请各位读者多多批评指正！

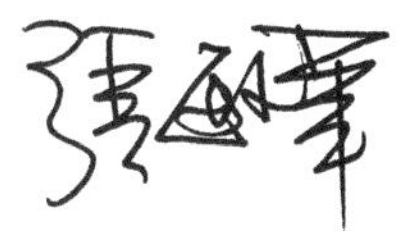

2024年4月30日

于浙江省建筑设计研究院有限公司

图书在版编目（CIP）数据

适建筑 / 许世文，张敏军著. -- 北京：中国建筑工业出版社，2024.6
ISBN 978-7-112-29840-2
Ⅰ. ①适… Ⅱ. ①许… ②张… Ⅲ. ①建筑学—研究
Ⅳ. ①TU-0
中国国家版本馆CIP数据核字（2024）第094903号

数字资源阅读方法：

本书提供作者参与设计并落成的部分建筑的视频作为数字资源，读者可使用手机 / 平板电脑扫描右侧二维码后免费阅读。

操作说明：

扫描右侧二维码 →关注“建筑出版”公众号 →点击自动回复链接 →注册用户并登录 →免费阅读数字资源。

注：数字资源从本书发行之日起开始提供，提供形式为在线阅读、观看。如果扫码后遇到问题无法阅读，请及时与我社联系。客服电话：4008-188-688（周一至周五9:00—17:00），Email：jzs@cabp.com.cn。

责任编辑：李成成
版式设计：锋尚设计
责任校对：赵　力

适建筑
许世文　张敏军　著
*
中国建筑工业出版社出版、发行（北京海淀三里河路 9 号）
各地新华书店、建筑书店经销
北京锋尚制版有限公司制版
北京中科印刷有限公司印刷
*
开本：880 毫米×1230 毫米　1/16　印张：15　字数：283 千字
2024 年 8 月第一版　2024 年 8 月第一次印刷
定价：**178.00** 元（赠数字资源）
ISBN 978-7-112-29840-2
（43002）